鄂尔多斯盆地周缘寒武系典型地质剖面

张春林　邢凤存　李　剑　曾　旭　等著

石油工业出版社

内容提要

本书详细收录了鄂尔多斯盆地周缘寒武系地质剖面的地理位置、观测路线，对观测到的地质剖面地层界线、接触关系及特征、构造现象和典型沉积现象，通过照片、素描、构型及模式图进行了详细展示，对于鄂尔多斯盆地油气勘探开发的重点地层选取了区域内典型探井进行地面—井下的对比、分析、研究，从而更加直观地了解鄂尔多斯盆地油气区地面与地下的地质关系。

本书可供从事油气地质研究方向的科研人员及高等院校相关专业师生参考使用。

图书在版编目（CIP）数据

鄂尔多斯盆地周缘寒武系典型地质剖面图集 / 张春林等著 . — 北京 : 石油工业出版社 , 2021.1

ISBN 978-7-5183-5086-5

Ⅰ . ① 鄂… Ⅱ . ① 张 … Ⅲ . ① 鄂尔多斯盆地 – 寒武系地质剖面图 – 图集 Ⅳ . ① P534.41-64

中国版本图书馆 CIP 数据核字（2021）第 249014 号

出版发行：石油工业出版社

（北京安定门外安华里 2 区 1 号　100011）

网　址：www.petropub.com

编辑部：（010）64523708　　图书营销中心：（010）64523633

经　　销：全国新华书店

印　　刷：北京中石油彩色印刷有限责任公司

2021 年 1 月第 1 版　2021 年 1 月第 1 次印刷

787 × 1092 毫米　开本：1/16　印张：12.75

字数：180 千字

定价：200.00 元

（如出现印装质量问题，我社图书营销中心负责调换）

版权所有，翻印必究

PREFACE 前言

鄂尔多斯盆地矿产资源丰富，油气是其核心矿产之一，长庆油田已经成为中国第一大油气田。目前，在鄂尔多斯盆地内奥陶系碳酸盐岩及其之上的致密碎屑岩中已经取得了众多油气勘探突破，但针对寒武系油气勘探还有待开展系统深入的研究，对鄂尔多斯盆地寒武系的基础地质研究是其取得突破的核心基础，同时，寒武系也包含了生物大爆发等重要地质事件记录，也是基础地球科学研究的重要层位。由于钻井资料有限、取心信息有限且不连续，因此，野外露头资料成为开展寒武系基础地质研究的重要突破口。

本图集是在系统野外剖面踏勘基础上，针对地层连续出露的露头开展了系统的野外剖面观察、实测、照相、取样等工作，并系统开展了室内资料整理及薄片观察分析，进而从地层构成、地层岩性特征、沉积相类型及特征、储层特征等方面进行基础的照片展示。本图集针对单剖面的展示具有系统性，而沉积相类构成、层序地层划分、油气储层储集空间类型特征等方面具有很好的推进性，可为鄂尔多斯盆地寒武系油气勘探及基础地质研究提供系统的基础素材。

本书主要包含七章，第 1 章主要介绍区域地质背景信息，为读者更为有效地理解剖面信息提供背景参考。第 2 章到第 7 章为单剖面野外和显微镜照片综合展示，其编排顺序为北西—南西—南东—北东方向逆时针顺序，以便读者更为有序地进行对比。单剖面按照剖面概述、地层接触关系及地层岩性、沉积相类型及特征、储层特征等方面进行展示。本图集由张春林牵头组织编写，其中前言由张春林和邢凤存编写，张春林、李剑负责陇县牛心山、礼泉上韩、岢岚石家会等剖面的组织编写，邢凤存、曾旭负责乌海摩尔沟、同心青龙山、河津西硙口等剖面的组织编写，参与人员主要包括袁效奇、陈孝全、李东阳、钱红杉、柴寒冰、刘志波、古强、孙汉骁、耿夏童、王兆鹏，袁效奇在野外剖面踏勘、选取及野外基础资料方面提供了重要支撑，其余人员参与了剖面柱状图的编图，图件的选取、描述及排版。图集由张春林和邢凤存负责组稿和审核。

本图集得到了中国科学院战略性先导科技专项“智能导钻技术装备体系与相关理论研究”（XDA14010403）、国家大型科技重大专项“大气田富集规律与勘探关键技术”（2016ZX05007）和中国石油“十四五”重大科技项目“海相碳酸盐岩成藏理论与勘探技术研究”（2021DJ0503）的支撑，感谢中国石油长庆油田公司、中国石油勘探开发研究院各位领导的帮助和支持，薄片显微镜下观察和鉴定得到了成都理工大学油气藏地质及开发工程国家重点实验室、沉积地质研究院等单位的支持，在此一并表示感谢。

由于区域资料掌握有限、部分认识还有待深入，本图集难免会出现纰漏和不足，敬请读者批评指正。

谨以此图集献给为鄂尔多斯盆地油气勘探和开发事业作出奉献的前辈和同行。

CONTENTS 目录

1 区域地质背景概述

1.1 区域构造背景及演化

鄂尔多斯盆地位于中国中部，华北克拉通的西缘，是华北克拉通中最稳定的一个块体，为中国中部第二大沉积盆地（付金华等，2013）。鄂尔多斯盆地北以阴山、大青山及狼山为界，南至秦岭，西起贺兰山、六盘山，东到吕梁山隆起带，属于华北克拉通的次一级构造单元，在行政区划上横跨陕西、甘肃、宁夏、内蒙古、山西五个行政省（自治区）。鄂尔多斯盆地现今构造形态总体显示为东翼宽缓、西翼陡窄的不对称的南北向矩形盆地，整体面积约为 $25\times10^4km^2$，而广义上的鄂尔多斯盆地包括周邻渭河、银川、河套和六盘山等小型中—新生代盆地，总面积达 $37\times10^4km^2$（付金华等，2006；杨华等，2006；李振鹏，2010；刘溪，2019；黄天坤，2019；黄何鑫，2019）。

在漫长的地质历史时期中，鄂尔多斯盆地经历了多期次不同程度的构造运动，盆地内大部分地区仍然具有长期性、整体性稳定的特征。鄂尔多斯盆地原本属于大华北盆地的一部分，在中生代后期逐渐与华北盆地分离，并演化为一个沉降稳定、扭动明显、坳陷迁移的多旋回叠合的克拉通盆地，盆地构造相对稳定，边缘轻微褶皱，本部地层近于水平（杨华等，2006，2011）。以现今构造格局划分，结合鄂尔多斯盆地的演化历史，将现今的鄂尔多斯盆地划分为伊盟隆起、渭北隆起、西缘逆冲带、天环坳陷、伊陕斜坡和晋西挠褶带共六个二级构造单元（图 1.1），其基底均为太古宇及古元古代的结晶岩（何自新等，2003；杨华等，2006；徐永强，2019；黄何鑫，2019）。

鄂尔多斯盆地作为典型的叠合盆地，具有太古宙—古元古代变质结晶基底，其上部为中—新元古代、古生代、中生代、新生代的沉积盖层，除缺失志留系—泥盆系外，从寒武系至新近系均有沉积，沉积盖层总厚度达 6000m 左右，各时代地层主要表现为连续沉积或假整合接触，在研究区边缘存在角度不整合。

鄂尔多斯盆地的发育经历了六个大的构造演化阶段（图 1.2），由老到新顺序依

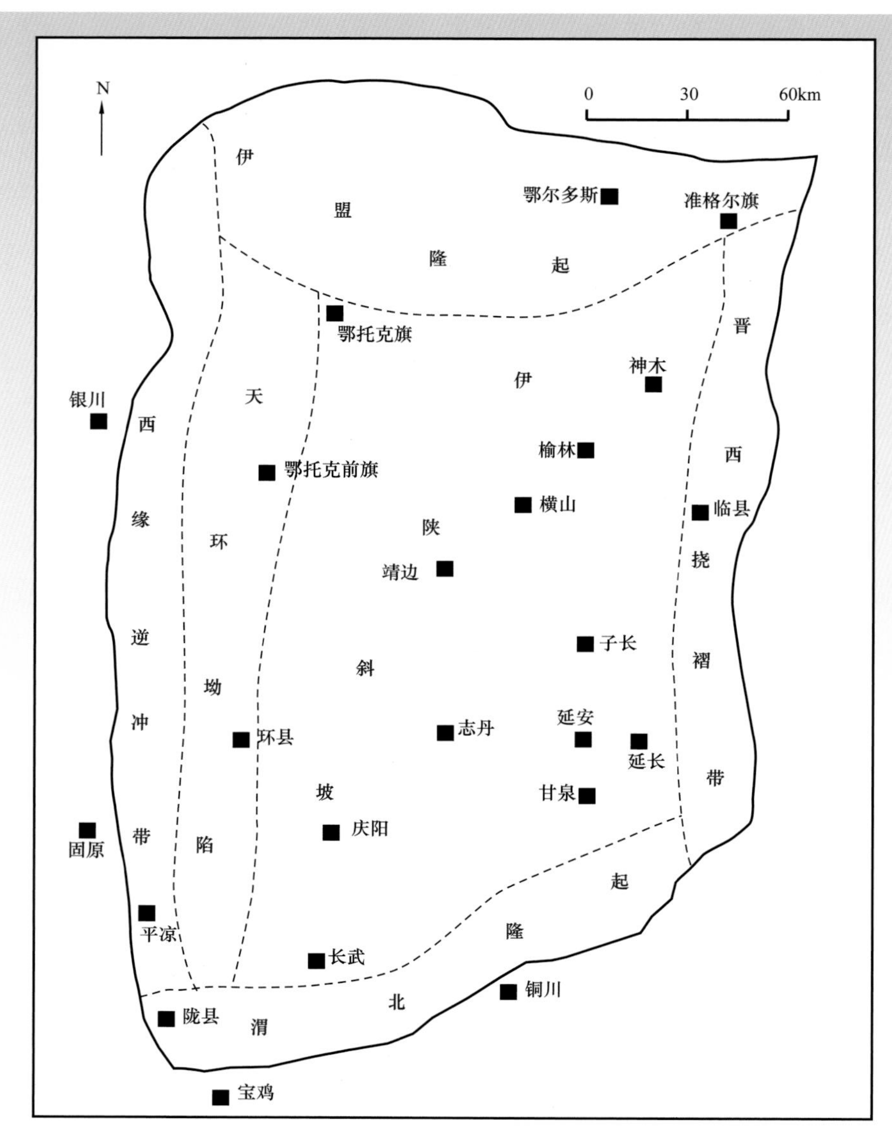

图 1.1　鄂尔多斯地区构造位置及构造单元划分（据杨华等，2013，有改动）

次为：（1）太古宙—古元古代：该时期为盆地基底形成时期，期间经历了迁西构造运动、阜平构造运动、五台构造运动、吕梁—中条构造运动共四次大的主要构造运动，形成了由麻粒岩相、角闪岩相及绿片岩相组成的复杂变质岩基底；（2）中—新元古代大陆裂谷集中发育阶段：该时期由于地壳热点活动，秦岭—祁连山（简称秦祁）裂谷应运而生，并发展成陆间裂谷系，非造山岩浆活动和稳定型沉积建造形成；（3）早古生代克拉通盆地与边缘坳陷阶段：早古生代，沿鄂尔多斯盆地西南缘的秦岭、祁连山、贺兰山拗拉谷再度开始活动，其中秦岭、祁连山两支拉开较大而形成海槽，贺兰山一支则被遗弃成坳拉槽，秦岭—祁连山—贺兰山（简称秦祁贺）海槽呈“L”形包围鄂尔多斯地块，鄂尔多斯本部表现为稳定的整体升降运动，在其边缘形成了不同

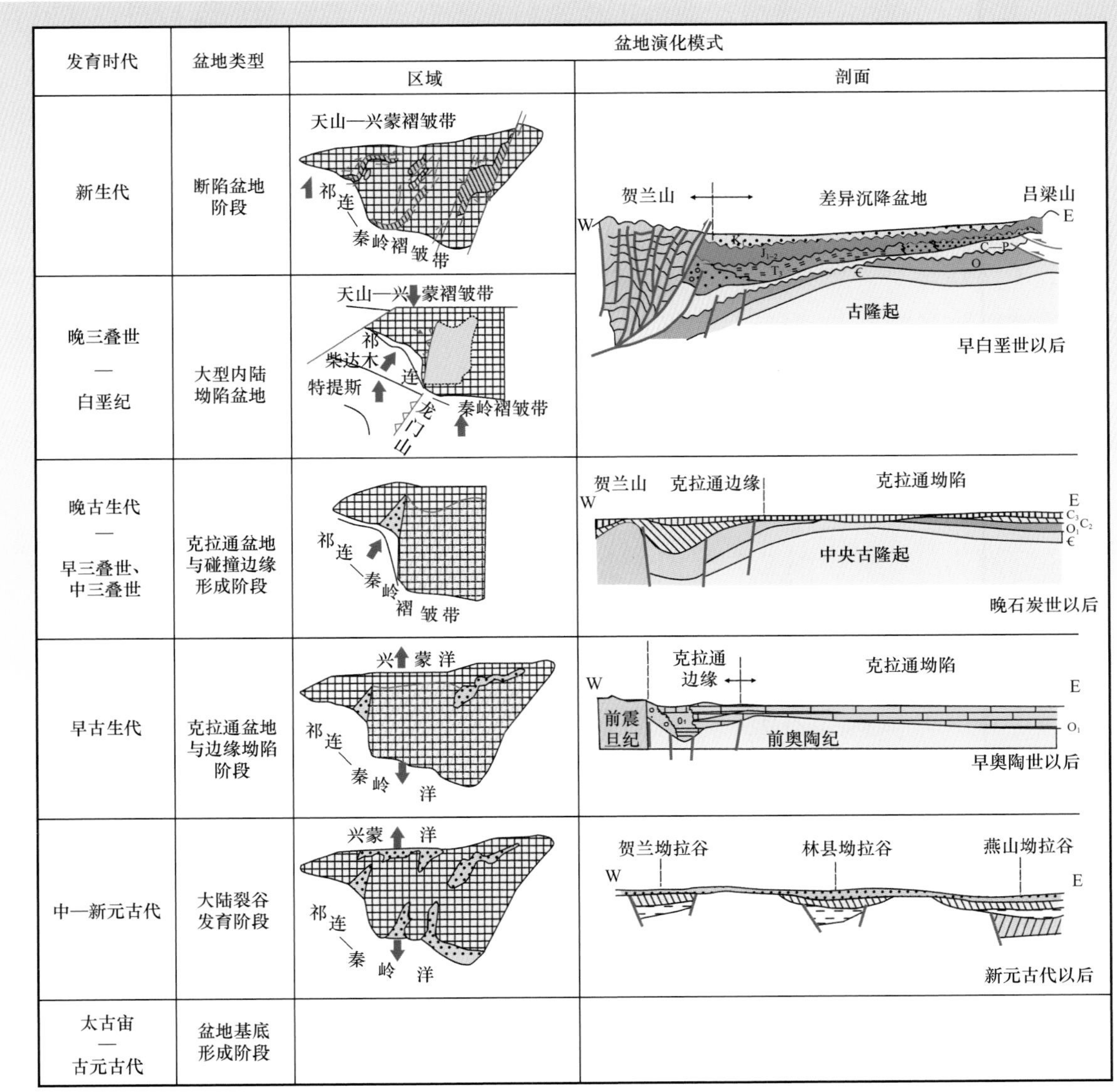

发育时代	盆地类型	盆地演化模式	
		区域	剖面
新生代	断陷盆地阶段	天山—兴蒙褶皱带 祁连 秦岭褶皱带	贺兰山 差异沉降盆地 吕梁山 W E 古隆起 早白垩世以后
晚三叠世—白垩纪	大型内陆坳陷盆地	天山—兴蒙褶皱带 祁连 柴达木 特提斯 龙门山 秦岭褶皱带	
晚古生代—早三叠世、中三叠世	克拉通盆地与碰撞边缘形成阶段	祁连 秦岭褶皱带	贺兰山 克拉通边缘 克拉通坳陷 W E 中央古隆起 晚石炭世以后
早古生代	克拉通盆地与边缘坳陷阶段	兴蒙洋 祁连 秦岭洋	W 克拉通边缘 克拉通坳陷 E 前震旦纪 前奥陶纪 早奥陶世以后
中—新元古代	大陆裂谷发育阶段	兴蒙洋 祁连 秦岭洋	贺兰坳拉谷 林县坳拉谷 燕山坳拉谷 W E 新元古代以后
太古宙—古元古代	盆地基底形成阶段		

图 1.2 鄂尔多斯盆地构造演化模式图（据张成弓，2013）

类型的边缘坳陷带；加里东运动之后，鄂尔多斯盆地的主体抬升成陆，缺失志留系、泥盆系及下石炭统；（4）晚古生代—中三叠世克拉通盆地与碰撞边缘形成阶段：克拉通内部整体稳定沉降，晚古生代早期继承了奥陶纪的古构造与古地貌格局，因此古隆起仍然具有较强的控相作用，在晚石炭世和早二叠世的海侵阶段，盆地形成东西两个分隔的沉积相带，直到早二叠世晚期古隆起基本消亡；（5）晚三叠世—白垩纪大型内陆盆地发育阶段：印支运动使鄂尔多斯盆地自晚三叠世以来发育完整和典型的陆相碎屑岩沉积体系，受构造活动性增强的影响，这一阶段出现了多期次的抬升与沉降，并在抬升期造成了一定程度的剥蚀；（6）新生代盆地周缘断陷盆地发育阶段：河套、银川、渭河断陷内超外断的半地堑特征；早白垩世末期以前，鄂尔多斯盆地为北高南低，早白垩世末期由于燕山期构造运动的不均匀抬升，形成了鄂尔多斯盆地目前东北高、西南低的地貌特征（张成弓，2013；孙寅森，2019）。

1.2 区域沉积背景及演化

鄂尔多斯盆地在寒武纪经历了多次海进—海退旋回，形成了碳酸盐岩台地、滨岸、洼地、缓坡等多种沉积体系。

1.2.1 辛集组沉积时期

辛集组沉积时期，盆地内主要以古陆为主，海水从南部和西部向盆地中间侵入，形成“L”型的海域，海侵过程中，地层逐渐向盆地中部超覆，并形成下粗上细的滨海相含磷碎屑岩沉积夹碳酸盐岩沉积（李文厚等，2012），其沉积范围主要局限于盆地西南部韩城—旬探1井以南以及镇探1井—布1井以北，其厚度较薄，介于10～60m，岩性以含磷碎屑岩的滨岸和含砂泥白云岩的陆棚缓坡沉积为主（张春林等，2017）。该时期，鄂尔多斯盆地表现为中部及东部、北部为大面积的古陆，向西向南盆地外缘发育“L”型的环陆泥砂坪、云坪等开阔台地沉积。

1.2.2 朱砂洞组沉积时期

朱砂洞组沉积时期的沉积格局基本上继承自辛集组，表现为海侵范围向东向北相对扩张，其中西部的沉积范围已经跨过了胡鲁斯台和石嘴山地区，南缘的沉积范围也到达了韩城地区。该时期盆地总体依然表现以古陆为主，西缘和南缘发育“L”型开阔台地泥云坪和灰坪沉积，仅沉积厚度相对于辛集组沉积期有所增加。

1.2.3 馒头组沉积时期

馒头组沉积时期相较于辛集组沉积时期和朱砂洞组沉积时期，海域范围向北、向东有所扩大，西侧海水向东侵入平罗—同心青龙山—平凉一带，南部海域范围向北延伸至宁县—黄深1井—澄城—吉县一线，平面上呈“L”型的沉积（张春林等，2017）。该时期鄂尔多斯盆地主体区无明显沉积基础，仅在盆地东北部、西部、西南部和南部等地区部分出露，主要为混积滨岸—潮坪—内缓坡的沉积背景。

1.2.4 毛庄组沉积时期

在馒头组沉积时期沉积的基础上，随着海侵的持续进行，毛庄组沉积时期沉积范围向中东部主体地区扩大，陆地面积大为缩小，海平面快速上升，鄂尔多斯古陆被分割成伊盟古陆、吕梁古陆和镇原古陆。鄂尔多斯盆地西缘、南缘与中东部地区厚度差异巨大，杭锦旗—陇县之间发育了六个串珠状古隆起区，以北边的伊盟古陆和东北部吕梁古陆出露范围广。该阶段，海平面快速进入鄂尔多斯盆地内部，形成潮坪—内缓坡沉积区，并在庆阳—志丹—准格尔旗一带出现各自孤立的台洼区。该时期主要为缓坡沉积结构，西侧和南侧水体深。

1.2.5 徐庄组沉积时期

徐庄组沉积时期发生了更大范围的海侵，为鄂尔多斯地区寒武世的最大海侵期［亦有学者如李文厚（2012）和张春林等（2017）认为张夏组沉积时期为最大海侵期］，沉积范围在毛庄组沉积时期的基础上进一步扩大，古陆面积明显缩小，鄂尔多斯大部分地区都被海水所覆盖。原鄂尔多斯古陆被一分为四，西北侧为阿拉善古陆，北侧为伊盟古陆，西南部为中央古陆，东部残存吕梁古陆，古陆的面积较早寒武世明显缩小。在鄂尔多斯盆地中东部地区以陆源碎屑沉积为主，环古陆周围发育滨岸相和潮坪相沉积，滨岸相主要分布于吕梁古陆周边和伊盟古陆东侧的伊 13 井—召探 1 井一带，古陆之间为广阔的开阔台地相沉积，局部地区发育台内洼地相，在其西南侧向开阔台地泥质碳酸盐沉积环境过渡，西缘与南缘地区向外发育台地前缘斜坡和深水斜坡—海槽沉积，且海槽的范围有所扩大，并以台地前缘斜坡沉积为显著特征（张春林等，2017）。

1.2.6 张夏组沉积时期

张夏组沉积时期海平面相较于徐庄组沉积时期有所下降，但中东部广大地区仍然为浅水海域所覆盖，伊盟古陆和镇原古陆的范围最小。地层呈现出西缘、南缘、东北部较厚，中部较薄的规律。该时期全区海水由浑水沉积转为清水沉积为主，可见大规模鲕粒滩发育，其颗粒分选和磨圆较好，主要为亮晶方解石胶结，反映了温暖潮湿气候下动荡的水动力环境（李文厚等，2012）。张夏组沉积时期主要发育局限台地、台地边缘浅滩、台地前缘斜坡及深水斜坡—海槽相沉积，其中局限台地主要分布在鄂尔多斯盆地的中部及西北部地区，其北为伊盟古陆，西侧和南侧为台地边缘浅滩沉积，其水体形成环境相对局限。台地边缘浅滩沉积主要位于局限台地的外侧，呈“L”型带状展布环绕局限台地外缘发育，其中西部以石嘴山—固原一带为西界，东至鄂托克旗—华池，南部发育在宝鸡—西安以北地区。台地前缘斜坡位于西缘台地边缘浅滩沉积的西侧，呈南北向带状展布，主要发育泥质条带石灰岩、页岩以及碳酸盐岩重力流沉积。深水斜坡—海槽发育在台前斜坡沉积以西，其发育范围位于吴忠—同心—凤县以西，呈南北向带状展布。

1.2.7 三山子组沉积时期

三山子组沉积时期海平面持续下降，古陆面积进一步扩大，主要为阿拉善古陆、伊盟古陆和中央古陆，吕梁古陆消失。伊盟古陆和镇原古陆连为一体形成鄂尔多斯古陆，呈南北向的条带状分布于中部，致使鄂尔多斯地区呈“凹”字形沉积。中央古陆面积较大，因海退水体变浅和古陆增加造成的阻挡，整个鄂尔多斯盆地地区形成大面积的局限台地沉积，以白云岩地层为主，向外发育开阔台地、台地前缘斜坡及深水斜坡—海槽相沉积。台地内部逐渐平整化，并在局部残余台内相对低洼区形成了潟湖沉积，而在鄂尔多斯盆地的西侧、西南和南部仍然发育深水沉积。

寒武纪岩相古地理演化具有明显继承性超覆结构，整体表现为早期馒头组、毛庄组受早期断裂形成的隆坳相间古地貌格局控制，具有明显的围绕鄂尔多斯古陆周缘分布，该阶段沉积区主要位于现今鄂尔多斯盆地的南部和西部地区，主要以泥页岩和砂岩等碎屑岩为主，底部可见潮坪为主的白云岩沉积，沉积格局具有一定的混积沉积结构（图 1.3）。到毛庄组沉积期，鄂尔多斯古陆已经淹没形成多个孤立的古隆起区，并在古隆起周缘形成滨岸中—粗碎屑岩沉积；到徐庄组沉积时期海水快速淹没，徐庄组沉积晚期达到最高水位，除伊盟古陆和吕梁古陆残存外，其余古陆及隆起均被淹没覆盖，在该阶段继承了早期地貌，形成了缓坡沉积、混合沉积的沉积格局，盆地主体区以潮坪沉积为主，周缘发育缓坡沉积，并可见风暴沉积，而该时期，在盆地内部形成了多个台洼区，形成了潮坪白云岩与台洼石灰岩的横向间互格局；张夏组沉积时期，水体逐渐变浅，台地开始建造和地貌填平补齐，在早期环鄂尔多斯古陆周缘形成了“L”型台缘高能鲕粒滩区，在台地内部逐渐局限，并形成多个台洼区；到三山子组（崮山组、长山组、凤山组）台地内部地貌已经平整化，主要以潮坪沉积为主，在台缘周围仍然发育扩大化的台缘高能滩，而在该沉积期沉积的地层内，岩石白云石化现象普遍存在。

1.3 区域地层概述

鄂尔多斯盆地广泛发育了自太古宙—新生代内的巨厚地层，除志留系、泥盆系和下石炭统缺失外，地层发育较为齐全。基底为太古宙—古元古代的变质结晶基底，从中元古代开始发育了巨厚的盖层。早古生代的鄂尔多斯盆地进入了克拉通稳定发育期，在多幕快速海进和缓慢海退演化过程中，沉积了一套全区稳定的、可追踪和对比的寒武纪海相碳酸盐岩夹碎屑岩沉积建造。

鄂尔多斯盆地缺失与下寒武统底部筇竹寺阶和梅树村阶相对应的沉积地层，寒武系下部与中—新元古界呈不整合接触，且在不同区域接触的地层不同（卢衍豪，1962；张文堂等，1980；项礼文等，1999；张春林等，2017；王晓晨，2018）。前人研究该地

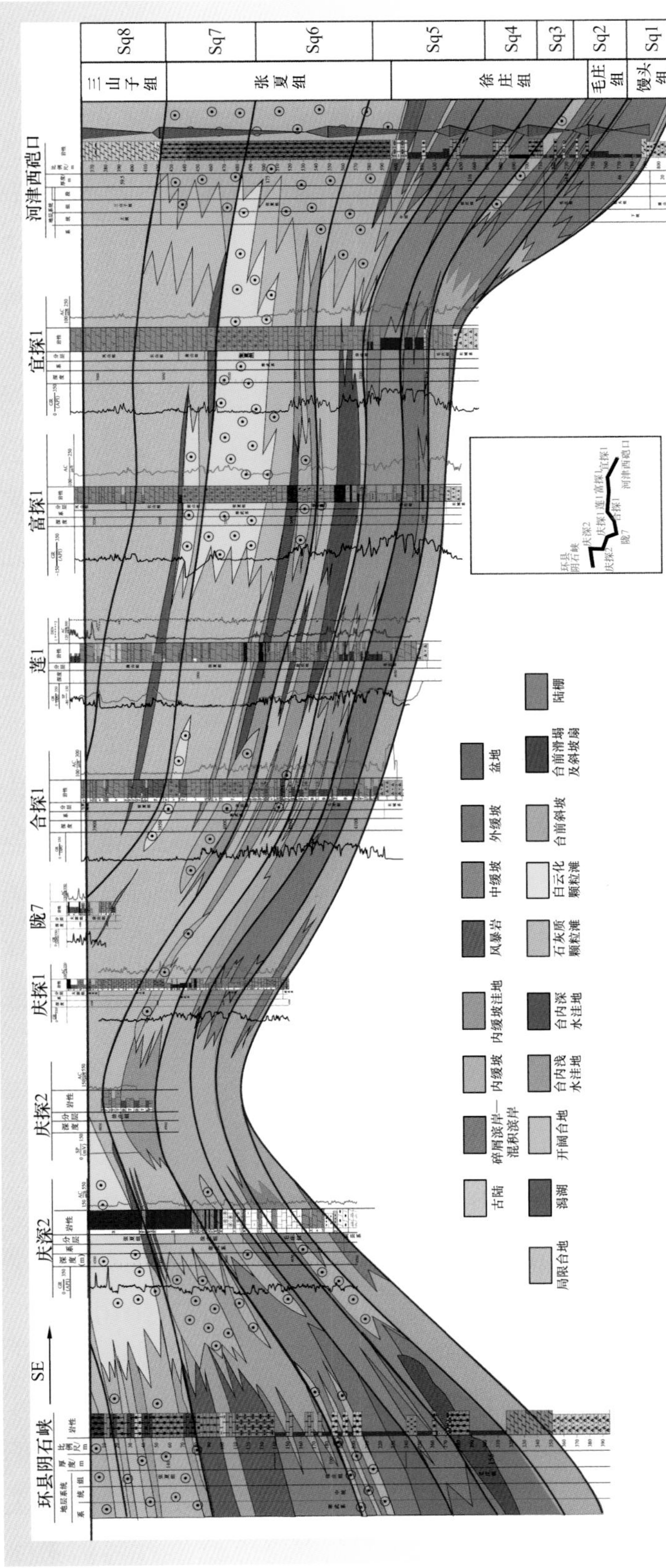

图 1.3 过环县阴石峡—河津西硙口寒武系沉积相对比剖面图

区时，由于研究目的不同，对鄂尔多斯盆地寒武系做出了不同的划分方案，如李文厚等（2012）依据岩性特征、沉积环境、古生物和古构造背景等因素，将鄂尔多斯地区及邻区划分为中东部、南缘、西缘、贺兰山和河西走廊五个不同的沉积分区；陈启林等（2012）应用层序地层理论，将寒武系划分为六个三级层序；段杰（2009）将鄂尔多斯地区及周缘地区划分为三个地层大区和九个地层小区。研究区下古生界发育复杂，在不同地层分区的地层层序、岩石组成、古生物群（组合）等存在较大差异。厘清岩石地层单元的时空结构及其分布特征，对于客观认识中央古隆起及周缘下古生界沉积演化及充填特征极为关键。

为此，在前人研究的基础上，本次研究参照最新的国际地层表，同时参照大华北地区的地层研究成果，通过分析鄂尔多斯盆地不同地区寒武系特征，根据该地区构造演化、古生物特征、岩心、测录井资料及地震数据，系统对比了鄂尔多斯盆地早古生代的岩石地层、生物地层和年代地层，对寒武系各组进行整理，自下而上把寒武系划分为四统十阶，自下而上分别为辛集组、朱砂洞组、馒头组、毛庄组、徐庄组、张夏组和三山子组（图 1.4）。

1.3.1 辛集组

辛集组由河南地质局地质科学研究所于 1962 年创名于河南鲁山县辛集乡北龙鼻村，该组在鄂尔多斯盆地西缘和朱砂洞组叠加后取名为苏峪口组，主要沉积一套含磷钙质碎屑岩，岩性为褐黄色、灰黄色磷块岩、砂岩、含磷长石石英砂岩，局部夹钙质白云岩、生物碎屑石灰岩及页岩，底部发育磷砾岩。除西缘地区之外皆划分为辛集组和朱砂洞组。辛集组与上覆地层朱砂洞组为整合接触，与下伏东坡组或正目观组（宁夏）平行不整合接触，以含磷碎屑岩为主要特征，岩性为含磷碎屑岩、磷质含海绿石长石石英砂岩、紫红色砂岩。

辛集组内含三叶虫 *Bergeroniellus* sp.、*Longxianspis* sp.、*Hsusahis* sp.、*redlichia* sp. 及腕足类 *Obolus* sp.，苏峪口组为一套滨海相含磷建造，含三叶虫 *Hsuaspis* sp.、*Bergeroniellus*（*shifangia*）*helanshanesis*、*Nigxiaspis ningxiaensis* Zhou；腕足类 *Obolella* sp.；腹足类 *Hyolithes* sp.（祝有海和马丽芳，2008；陈安清，2010）。

1.3.2 朱砂洞组

朱砂洞组由冯景兰、张伯声于 1950 年创名于河南省平顶山市西南的朱砂洞村，原称“朱砂洞石灰岩系”。该组与上覆馒头组和下伏辛集组均为整合接触关系，在鄂尔多斯盆地西缘地区也称五道淌组，其在盆地西缘和南缘发育。在鄂尔多斯盆地西缘主要体现为灰黑色、深灰色中厚层白云岩、白云质石灰岩，偶夹薄—中厚层石灰岩；在南

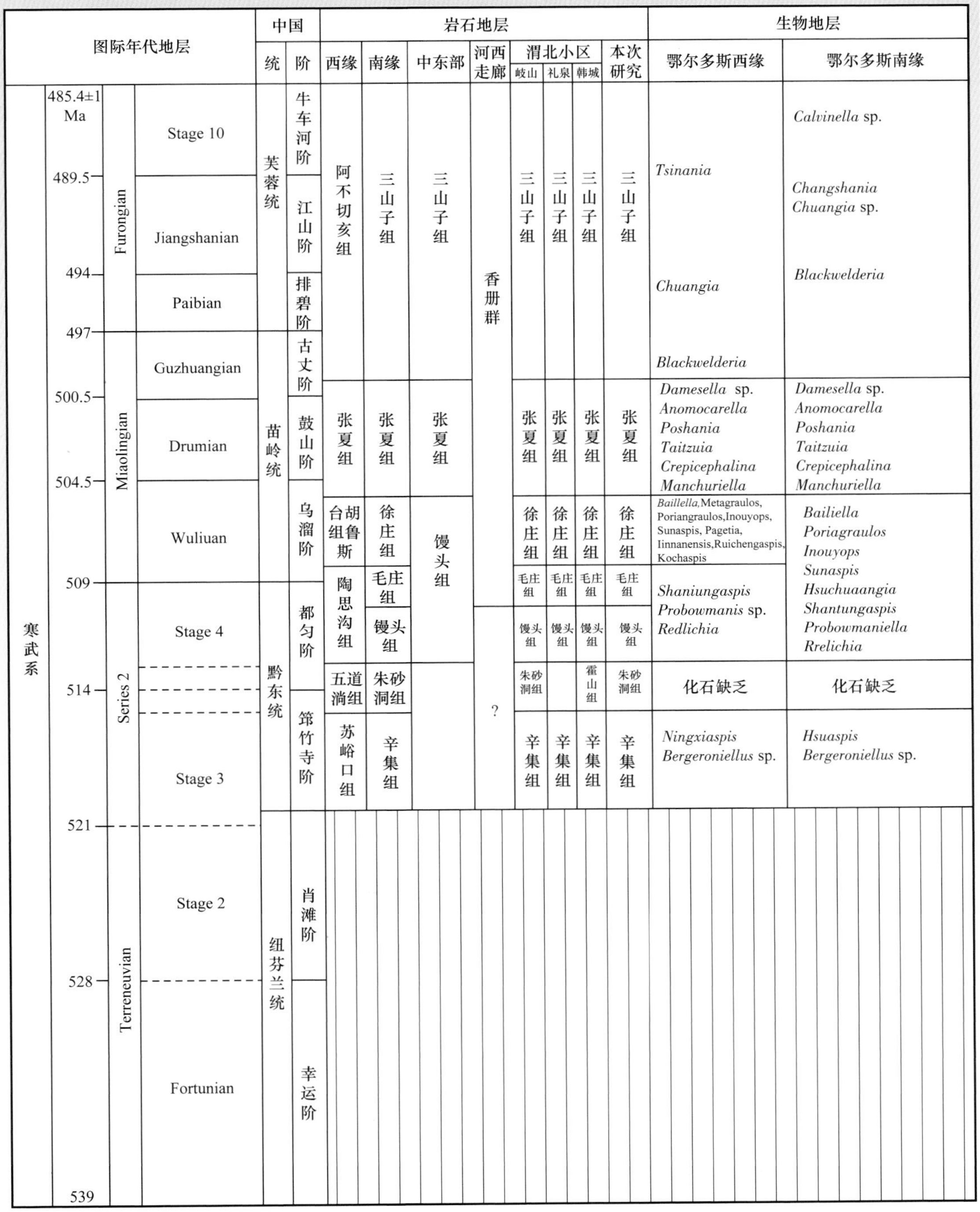

图际年代地层				中国		岩石地层								生物地层	
系	年龄	统	阶	统	阶	西缘	南缘	中东部	河西走廊	渭北小区 岐山	渭北小区 礼泉	渭北小区 韩城	本次研究	鄂尔多斯西缘	鄂尔多斯南缘
寒武系	485.4±1 Ma–489.5	Furongian	Stage 10	芙蓉统	牛车河阶	阿不切亥组	三山子组	三山子组	香册群	三山子组	三山子组	三山子组	三山子组	Tsinania	*Calvinella* sp.
	489.5–494		Jiangshanian		江山阶										*Changshania* *Chuangia* sp.
	494–497		Paibian		排碧阶									*Chuangia*	*Blackwelderia*
	497–500.5	Miaolingian	Guzhuangian	苗岭统	古丈阶									*Blackwelderia*	
	500.5–504.5		Drumian		鼓山阶	张夏组	张夏组	张夏组		张夏组	张夏组	张夏组	张夏组	*Damesella* sp. *Anomocarella* *Poshania* *Taitzuia* *Crepicephalina* *Manchuriella*	*Damesella* sp. *Anomocarella* *Poshania* *Taitzuia* *Crepicephalina* *Manchuriella*
	504.5–509		Wuliuan		乌溜阶	台胡组鲁斯	徐庄组	馒头组		徐庄组	徐庄组	徐庄组	徐庄组	*Baillella*,Metagraulos, Poriangraulos,Inouyops, Sunaspis, Pagetia, Iinnanensis,Ruichengaspis, Kochaspis	*Bailiella* *Poriagraulos* *Inouyops* *Sunaspis* *Hsuchuaangia* *Shantungaspis* *Probowmaniella* *Rrelichia*
						陶思沟组	毛庄组			毛庄组	毛庄组	毛庄组	毛庄组	*Shaniungaspis* *Probowmanis* sp. *Redlichia*	
	509–	Series 2	Stage 4	黔东统	都匀阶		馒头组		?	馒头组	馒头组	馒头组	馒头组		
	514					五道淌组	朱砂洞组			朱砂洞组		霍山组	朱砂洞组	化石缺乏	化石缺乏
	–521		Stage 3		筇竹寺阶	苏峪口组	辛集组			辛集组	辛集组	辛集组	辛集组	*Ningxiaspis* *Bergeroniellus* sp.	*Hsuaspis* *Bergeroniellus* sp.
	521–528	Terreneuvian	Stage 2	纽芬兰统	肖滩阶										
	528–539		Fortunian		幸运阶										

图 1.4　鄂尔多斯盆地寒武系地层划分与对比方案

（陈安清，2010；张成弓，2013；张春林等，2017；王晓晨，2018；朱茂炎等，2019；有改动）

缘岩性为一套白云岩及白云质石灰岩为主，偶见石灰岩，发育豹斑状白云岩、角砾状白云岩和含藻白云岩；鄂尔多斯盆地南缘岐山涝川和曹家沟地区一带砂岩增多，以石灰岩和泥晶灰岩为主，白云化作用不明显；陇县地区主要为浅灰色—深灰色中层—块状砂质白云岩、鲕状砂质白云岩和藻白云岩；在洛南石门镇地区，中下部岩性以灰色（偶见紫红色）泥质白云岩为主，偶见含砾屑白云岩，上部为深灰色、灰色厚层白云岩为主，见燧石团块；在陇县牛心山地区，下部地层以灰色白云岩及磷块岩为主，偶见软舌螺化石，上部以黄褐色、灰紫色白云岩为主，夹生物碎屑白云岩。朱砂洞组与辛集组的界限标志为钙质石英砂岩消失，出现厚层角砾状白云质石灰岩；朱砂洞组与馒头组的地层界限标志为深灰色云斑石灰岩消失，出现灰黄色泥灰岩。

朱砂洞组化石匮乏，无法利用三叶虫化石进行对比，只能利用层位和岩性特征进行对比。

1.3.3 馒头组

馒头组由 B willis 和 E Blackwelder 于 1907 年创名于山东省长清县张夏镇的馒头山剖面，与下伏朱砂洞组整合接触，底部以石灰岩或白云岩结束、杂色页岩或云泥岩出现相区别。馒头组主要由紫红色和棕色页岩，灰色石灰岩及泥岩组成，夹白云质泥岩、泥质白云岩及白云岩。在鄂尔多斯西缘地区，下部为页岩、白云岩、石灰岩、砂岩为组合构成若干韵律层，夹有鲕粒灰岩、生屑灰岩等，上部由页岩与薄层泥质条带状灰岩夹鲕状灰岩和竹叶状灰岩构成，并夹有含生物碎屑灰岩，生物丰富。上部地层发育的碳酸盐岩碎屑流沉积，指示了台地边缘至斜坡相的沉积环境。在鄂尔多斯盆地南缘，以发育紫红色页岩为主要特征，岩性为紫红色、紫褐色页岩、粉砂质页岩夹泥云岩、白云岩、鲕状灰岩和砂岩。在韩城附近碳酸盐岩较为发育，中上部为黄灰—深灰色泥灰岩、石灰岩、鲕状灰岩夹紫红、灰绿色页岩；其他地区碎屑岩发育。

馒头组见三叶虫、腕足类和软舌螺等化石，含三叶虫 *Redlichia*、*Hsuaspis zhoujiaquonsis*、*Redlichia of nobilis*、*R.kobayashii*、*Probowmania* 等（陈安清，2010）。

1.3.4 毛庄组

毛庄组由卢衍豪、董南庭于 1953 年依据古生物化石从 B willis 的馒头组中划分出，与上覆徐庄组和下伏馒头组均为整合接触。毛庄组岩性以泥岩、页岩、石灰岩及白云岩（或泥质白云岩）为主，偶见砂岩及鲕粒灰岩，以“薄层、含泥质条带、底部普遍夹 1 层白云岩或白云质灰岩”与下伏地层相区别，顶部为厚层块状石灰岩，中部石英砂增多，下部夹 1~2 层白云岩或白云质灰岩。馒头组主要分布在陕西陇县周家渠、岐山涝川、礼泉方山等地，洛南石门镇北岩性与该组定义相同，在韩城底部有较多石灰岩，到陇县夹石英砂岩，厚度变化不大，较为稳定，区域上易于识别，在鄂尔多斯盆地西缘称为陶思沟组。

陶思沟组化石相对稀少，但亦发现三叶虫 *Ptychoparia* sp.、*cf. Saimachia* sp.、*Probowmania quadrata, Probow mania* sp. 等，毛庄组在平凉地区采得三叶虫 *Probowmania*、*Proasaphiscus*、*Psilosbracus* 等，陕西陇县毛庄组内采得三叶虫 *Shantungaspis*，韩城地区则发现三叶虫 *Probowmania* sp.、*Probowmaniella* sp.、腕足类 *Obolellasp* 等，这些化石均为毛庄组的重要分子（陈安清，2010）。

Probowmania 是毛庄组底部常见的分子，*Shantungaspis* 是毛庄阶的标型化石带，这就表明陶思沟组是毛庄组沉积时期的地层，可与盆地腹地的毛庄组对比。

1.3.5 徐庄组

徐庄组由卢衍豪、董南庭于 1953 年依据古生物化石从 B willis 的馒头组中划分出，与上覆张夏组和下伏毛庄组均为整合接触关系。徐庄组岩性以灰色页岩、泥灰岩及含泥灰岩为主，偶夹泥质条带灰岩、薄层泥晶灰岩、鲕粒灰岩及生物碎屑灰岩。徐庄组分布地区与毛庄组相同，主要分布在陕西陇县周家渠、岐山涝川、礼泉方山等地，以“含鲕粒的灰岩、竹叶状灰岩”与下伏毛庄组相区别，在韩城附近以碳酸盐岩为主，向西到洛南、岐山景福山一带碎屑岩发育，厚度在不同的地区变化较大，但岩性为暗紫色、紫红色粉砂质页岩、砂岩夹泥质灰岩、鲕状灰岩，易于识别，在西缘称为胡鲁斯台组。

胡鲁斯台组含丰富的三叶虫化石 *Luaspides* sp、*Solenoparia* sp.、*Pseudoinouyia* sp.、*Inouyops* sp.、*Bailiella* sp.。在平凉地区采得三叶虫 *Sunaspidella* sp.、*Metagraulos* sp.、*Anomocare* sp.、*Kochaspis* sp.、陇县地区见三叶虫 *Kochaspis*、*Sunaspis*、*Poriagraulos*、*Basiliella*，韩城地区采得三叶虫 *Sunaspis laevis*、*Proasaphiscus* sp.、*Wuania* sp.，这些化石是 *Kochaspis* 带、*Sunaspis* 带、*Bailiella* 带的重要分子，因此它们均为徐庄组沉积期的地层（陈安清，2010）。

胡鲁斯台组所产三叶虫 *Sunaspis* sp. 是 *Sunaspis* 带典型的生物，*Poriagraulos* sp. 是 *Poriagraulos abrota* 带的生物，这表明它是徐庄组沉积期的地层，跟华北地区的徐庄组基本同时沉积。

1.3.6 张夏组

张夏组由 B willis 和 E Blackwelder 于 1907 年创名于山东省长清县张夏镇北侧的孤山上，原称张夏层或张夏石灰岩或张夏鲕状岩，与上下地层整合接触。岩性主要以鲕粒、竹叶状灰岩以及白云岩为主，偶夹有页岩。在盆地南缘的陇县、岐山、华子山等地区见有出露，而盆地西缘的贺兰山、青龙山、桌子山也均有出露。在盆地西缘，该套地层以薄层石灰岩、泥质条带灰岩及鲕粒灰岩为主，夹少量生物碎屑灰岩、竹叶状灰岩及薄层灰岩；在鄂尔多斯盆地南缘，以发育灰色或深灰色的鲕粒灰岩为主要特征，可见竹叶状灰岩、泥质条带灰岩、颗粒灰岩和颗粒白云岩，砂岩和页岩已基本消失，主要分布在陕西陇县景福山、岐山、泾河两侧、韩城以东和洛南北部至商州铁炉子一带，在甘肃出露于平凉大台子及其以南地区和环县老爷山等地。以“瘤状灰岩、鲕粒灰岩”与下伏徐庄组相区别，与上覆三山子组薄层白云质泥灰岩或竹叶状薄层白云岩界线清楚。

张夏组在盆地南缘及东缘采得三叶虫 *Anomolarellidae*、*Proasaphiscus* sp.、*Asaphiscus* sp.、*Damesella*、*Taitzuia*、*Crepicephalina*、*Solenoparia* sp. 等及腕足类 *Obolus*、*Lingulella*，这些化石都是张夏组重要的分子（陈安清，2010）。

鄂尔多斯盆地西缘，张夏组三叶虫化石丰富，贺兰山和桌子山地区产 *Crepicephalina*、*Poshania*、*Taitzuia*、*Anomocarella*、*Manchuriella*、*Damesella* sp. 等，皆可见于华北地台张夏组。在贺兰山陶思沟组、张夏组底部可见 *Crepicephalina* 化石，也位于华北地台张夏组底部，*Taitzuia* 带化石见于张夏组中部，*Damesella* sp. 则见于张夏组顶部，因此，鄂尔多斯盆地西缘张夏组的时代可以跟华北地台张夏组进行对比。

盆地南缘，张夏组化石同样种类丰富，包括 *Anomocerella*、*Manchuriella*、*Taizuia*、*Poshania*、*Damesella* 等三叶虫、*Obolus* sp. 和 *Linguella* sp. 腕足类化石以及 *Hyolither* 软舌螺化石，时代可以跟华北地台张夏组进行对比，因此将鄂尔多斯盆地南缘张夏组时代限定于中寒武世张夏期。

1.3.7 三山子组

三山子组在鄂尔多斯盆地西缘也称为阿不切亥组，整合叠覆于张夏组之上。地层下部颜色以黄灰色系为主，偶见紫灰色，岩性主要为中—薄层、竹叶状砾屑、粉—细晶云岩和薄层、泥质、粉晶白云岩，其上部地层岩性以灰色系为主，岩性以细晶云岩为主；主要分布于宝鸡、洛南一线以北、韩城以东及环县西北老爷山和宁夏青龙山一带。

在鄂尔多斯盆地西缘，阿不切亥组以出现泥质条带石灰岩和外形似竹叶的砾屑灰岩为显著特征，夹碳酸盐岩碎屑流沉积。该组下部夹页岩，中—上部白云化较为明显，以白云岩为主。在苏峪口地区，岩性以灰色和深灰色石灰岩、灰色竹叶状灰岩、黄褐色和灰绿色泥质条带状石灰岩为主。在陇县景福山地区，岩性以浅灰色、灰黄色白云岩及白云质灰岩为主，含少量竹叶状灰岩。

在鄂尔多斯盆地南缘，三山子组以发育白云岩为主要特征。岩性以灰黄色粉晶云岩、细晶白云岩及竹叶状云岩为主。在河津西硙口，见到表面发生溶蚀的白云岩，在陇县、岐山地区，岩性以灰色细晶—中晶白云岩为主，见少量砾屑灰岩、灰质云岩及页岩，在洛南—石门镇北部，岩性以灰色泥质白云岩为主，下部夹薄层石灰岩，上部含燧石条带（张成弓，2013）。

阿不切亥组产三叶虫 *Crepicephalina*、*Taitzuia*、*Poshania*、*Manchuriella*、*Anomocarella*、*Blackwelderia*、*Chuangia*、*Tsinania*，这些生物分别是 *Anomocarella-Taitzuia* 带、*Crepicephalina* 带、*Blackwelderia* 带及 *Chuangia* 带的重要分子，故此岩石地层跨中—晚寒武世（陈安清，2010）。在贺兰山含三叶虫 *Tsinania*、*Chuangia* 和 *Blackwelderia* 等三叶虫，说明本组在该区自上而下包括凤山阶、长山阶和崮山阶。

三山子组在不同地区采得三叶虫 *Blackwelderia*、*Homagnostus* sp.、*Cyclolorenzella*，*Chuangia* sp.、*Calvinella*、*Prosaukia* 等，以及腕足类 *Westonia* sp. 和笔石 *Dendrogaptus* sp. 等，这些三叶虫化石都是崮山阶、凤山阶常见的重要分子。在河津西硙口含有 *Changshania* sp.、*Chuangia* sp.、*Dikelocephalite* sp.、*Calvinella*、*Prosaukia* 等三叶虫化石，故可将三山子组的地质年代置于晚寒武世崮山组沉积时期至凤山组沉积时期（陈安清，2010）。

1.4 实测剖面选取及分布

为了能总体反映鄂尔多斯盆地不同部位寒武系野外剖面特征，本书精选鄂尔多斯盆地西北部乌海摩尔沟剖面、鄂尔多斯盆地西部同心青龙山剖面、鄂尔多斯盆地西南部陇县牛心山剖面、鄂尔多斯盆地南部礼泉上韩剖面、鄂尔多斯盆地东南部河津西硙口剖面、鄂尔多斯盆地东北部岢岚石家会剖面进行野外实测和系统的资料整理和展示（图 1.5）。本书将从鄂尔多斯盆地西北部逆时针展示剖面综合特征。

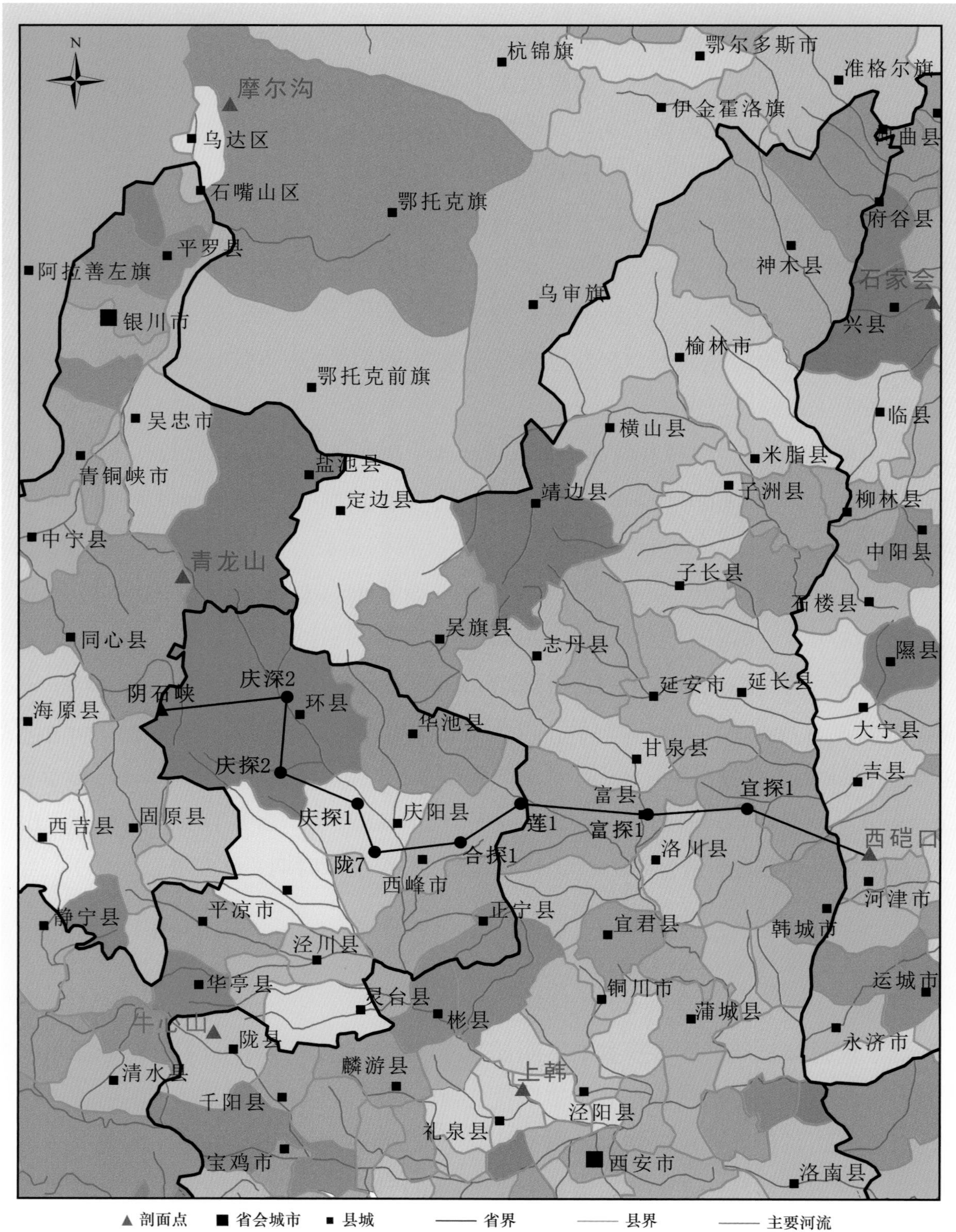

图 1.5 鄂尔多斯盆地寒武系野外实测剖面及对比剖面位置图

2 乌海摩尔沟寒武系剖面

2.1 剖面概述

乌海摩尔沟实测剖面位于乌海市东北部摩尔沟收费站东北方向约 20km 处，剖面露头位于公路旁，寒武系各组出露较好，地层界限清楚，岩性特征明显（图 2.1）。本条剖面是鄂尔多斯盆地西缘早古生代标准剖面。乌海摩尔沟实测剖面寒武系出露下寒武统馒头组，中寒武统毛庄组、徐庄组、张夏组及上寒武统三山子组（图 2.2）。

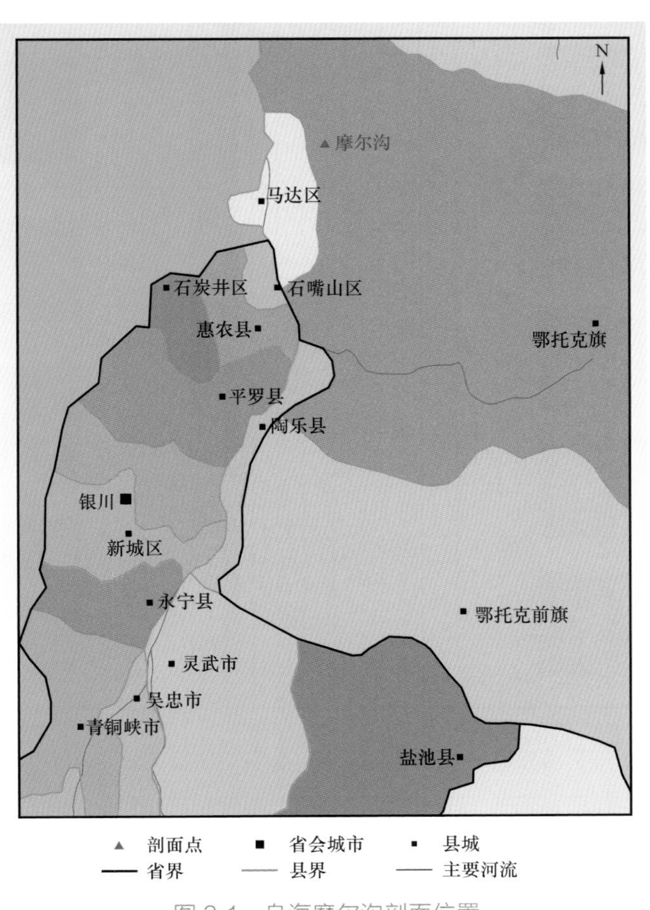

图 2.1　乌海摩尔沟剖面位置

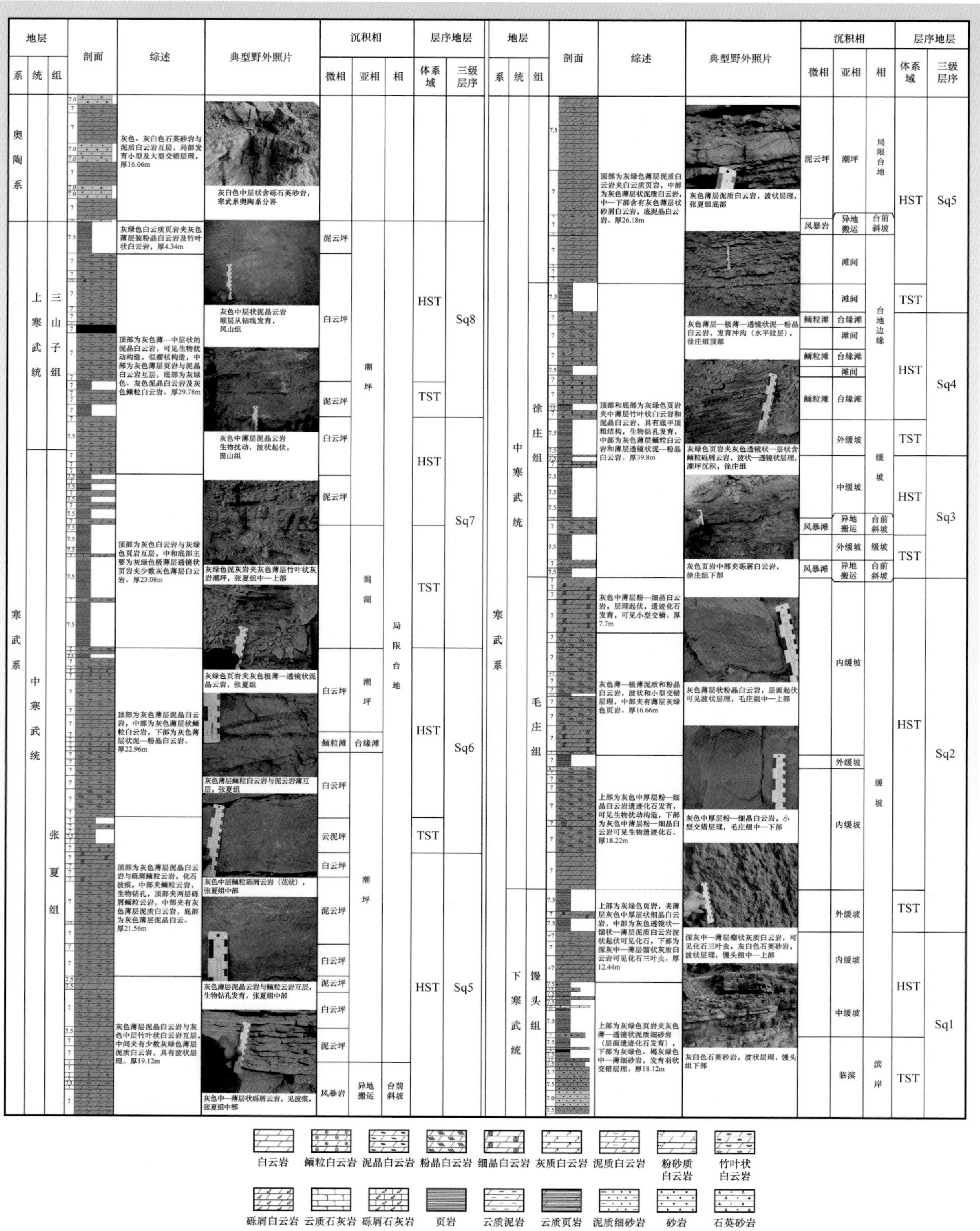

地层（系、统、组） | 剖面 | 综述 | 典型野外照片 | 沉积相（微相、亚相、相） | 层序地层（体系域、三级层序）

奥陶系

灰色、灰白色石英砂岩与泥质白云岩互层，局部发育小型及大型交错层理，厚16.06m

灰白色中层状含砾石英砂岩，寒武系奥陶系分界

HST　Sq5

寒武系　上寒武统　三山子组

灰绿色白云质页岩夹灰色薄层装粉晶白云岩及竹叶状白云岩，厚4.34m

泥云坪

顶部为灰色薄—中层状的泥晶白云岩，可见生物扰动构造，似瘤状构造，中部为灰色薄层页岩与泥晶白云岩互层，底部为灰绿色、灰色泥晶白云岩及灰色鲕粒白云岩。厚29.78m

灰色中层状泥晶云岩顺层从钻线发育，凤山组

灰色中薄层泥晶云岩生物扰动，波状起伏，崮山组

白云坪　泥云坪　白云坪　泥云坪　潮坪

HST　TST　Sq8　HST　Sq7

寒武系　中寒武统　张夏组

顶部为灰色白云岩与灰绿色页岩互层，中和底部主要为灰绿色极薄层透镜状页岩夹少数灰色薄层白云岩。厚23.08m

灰绿色泥灰岩夹灰色薄层竹叶状灰岩潮坪，张夏组中—上部

灰绿色页岩夹灰色极薄—透镜状泥晶云岩，张夏组

潟湖　局限台地　TST

顶部为灰色薄层泥晶白云岩，中部为灰色薄层状鲕粒白云岩，下部为灰色薄层状泥—粉晶白云岩。厚22.96m

灰色薄层鲕粒白云岩与泥云岩薄互层，张夏组

白云坪　潮坪　鲕粒滩　台缘滩　白云坪　HST　Sq6

顶部为灰色薄层泥晶白云岩与砾屑鲕粒云岩，化石波痕，中部夹鲕粒云岩，生物钻孔，顶部夹两层砾屑鲕粒云岩，中部夹有灰色薄层泥质白云岩，底部为灰色薄层泥晶白云。厚21.56m

灰色中层鲕粒砾屑云岩（花状），张夏组中部

云泥坪　白云坪　泥云坪　潮坪　TST

灰色薄层泥晶云岩与鲕粒云岩互层，生物钻孔发育，张夏组中部

灰色薄层泥晶白云岩与灰色中层竹叶状白云岩互层，中间夹有少数灰绿色薄层泥质白云岩，具有波状层理。厚19.12m

灰色中—薄层状砾屑云岩，见波痕，张夏组中部

白云坪　泥云坪　白云坪　泥云坪　风暴岩　异地搬运　台前斜坡　HST　Sq5

寒武系　中寒武统　徐庄组

顶部为灰绿色薄层泥质白云岩夹白云质页岩，中部为灰色薄层状泥质白云岩，中—下部含有灰色薄层状砂屑白云岩，底泥晶白云岩。厚26.18m

灰色薄层泥质白云岩，波状层理，张夏组底部

泥云坪　潮坪　局限台地　风暴岩　异地搬运　台前斜坡　HST　Sq5

滩间　滩间　TST

顶部和底部为灰绿色页岩夹中薄层竹叶状白云岩和泥晶白云岩，具有底平顶粗结构，生物钻孔发育，中部为灰色薄层鲕粒白云岩和薄层透镜状泥—粉晶白云岩。厚39.8m

灰色薄层—极薄—透镜状泥—粉晶白云岩，发育冲沟（水平纹层），徐庄组顶部

灰绿色页岩夹灰色透镜状—层状含鲕粒砾屑云岩，波状—透镜状层理，潮坪沉积，徐庄组

鲕粒滩　台缘滩　滩间　鲕粒滩　台缘滩　滩间　鲕粒滩　台缘滩　台地边缘　HST　Sq4

外缓坡　TST

灰色页岩中部夹砾屑白云岩，徐庄组下部

中缓坡　缓坡　风暴滩　异地搬运　台前斜坡　HST　Sq3

外缓坡　缓坡　风暴滩　异地搬运　台前斜坡　TST

寒武系　中寒武统　毛庄组

灰色中薄层粉—细晶白云岩，层理起伏，遗迹化石发育，可见小型交错。厚7.7m

灰色薄—极薄泥质和粉晶白云岩，波状和小型交错层理，中部夹有薄层灰绿色页岩。厚16.66m

灰色薄层状粉晶白云岩，层面起伏可见波状层理，毛庄组中—上部

内缓坡　外缓坡

上部为灰色中厚层粉—细晶白云岩遗迹化石发育，可见生物扰动构造，下部为灰色中薄层粉—细晶白云岩可见生物遗迹化石。厚18.22m

灰色中厚层粉—细晶白云岩，小型交错层理，毛庄组中—下部

内缓坡　缓坡　HST　Sq2

寒武系　下寒武统　馒头组

上部为灰绿色页岩，夹薄层灰色中厚层状细晶白云岩，中部为灰色透镜状—馏状—薄层泥质白云岩波状起伏可见化石，下部为深灰中—薄层馏状灰质白云岩可见化石三叶虫。厚12.44m

深灰中—薄层瘤状灰质白云岩，可见化石三叶虫，灰白色石英砂岩，波状层理，馒头组中—上部

外缓坡　TST　内缓坡　中缓坡　HST　Sq1

上部为灰绿色页岩夹灰色薄—透镜状泥质细砂岩（层面遗迹化石发育），下部为灰绿色、褐灰绿色中—薄细砂岩，发育羽状交错层理。厚18.12m

灰白色石英砂岩，波状层理，馒头组下部

临滨　滨岸　TST

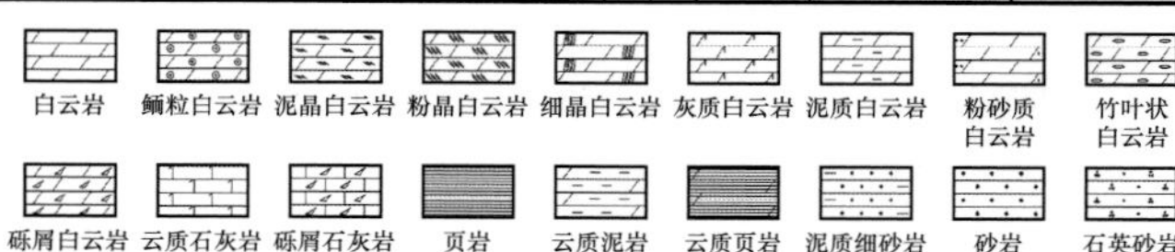

图 2.2　乌海摩尔沟剖面综合柱状图

2.2 地层接触关系及地层岩性

2.2.1 地层接触关系

摩尔沟寒武系实测剖面下寒武统馒头组与下伏长城系呈假整合接触，中寒武统毛庄组、徐庄组、张夏组及上寒武统三山子组依次呈整合接触，上寒武统三山子组与奥陶系底部呈平行不整合接触（图 2.3 至图 2.7）。

图 2.3 摩尔沟长城系顶中—厚层状石英砂岩与上覆馒头组底部中—薄层状石英砂岩呈假整合接触，馒头组石英砂岩生物钻孔发育，而长城系则未见生物扰动构造

2.2.2 各组岩性特征

2.2.2.1 长城系

岩性整体为一套紫红色、灰白色石英砂岩，夹灰紫色细砂岩、灰绿色板岩及泥岩，为一套海相碎屑岩沉积（图 2.8 至图 2.11）。

图 2.8 摩尔沟长城系

紫红色厚层—中薄层状石英砂岩，发育平行层理和板状交错层理

图 2.9　摩尔沟长城系

紫红色中—厚层状石英细砂岩，发育冲洗交错层理

图 2.10　摩尔沟长城系

暗紫红色泥岩

图 2.11　摩尔沟长城系

灰白色薄—中层状石英粉—细砂岩夹灰绿色页岩，层厚向上增厚

2.2.2.2　馒头组

岩性主要为灰色、灰绿色泥页岩夹灰色薄层泥质云岩、灰质云岩及薄层石英砂岩。具有三段结构，下段主要发育薄层石英细砂岩，发育波状层理、羽状交错层理，上段主要发育灰绿色泥页岩，中部为一套泥质、灰质云岩互层，可见三叶虫化石（图 2.12 至图 2.16）。

图 2.12　摩尔沟馒头组

深灰色薄层状泥质云岩夹深灰色页岩

图 2.13　摩尔沟馒头组

上部为灰绿色页岩夹灰色薄层状石英粉砂岩，下部为两类岩性互层

图 2.14　摩尔沟馒头组

下部灰绿色页岩，上部灰色薄层状泥质粉砂岩

图 2.15　摩尔沟馒头组

灰绿色页岩

图 2.16　摩尔沟馒头组

深灰色中—薄层状灰质云岩

2.2.2.3　毛庄组

岩性主要为深灰色、灰色、浅灰色粉晶云岩、细晶云岩、灰质云岩，夹有薄层灰色页岩、瘤状白云岩及少量鲕粒云岩。其中下段主要发育粉—细晶云岩，可见生物遗迹化石；上段主要发育粉—细晶云岩并夹有薄层灰色页岩、瘤状白云岩及少量鲕粒云岩，可见波状层理、小型交错层理等（图 2.17 至图 2.23）。

图 2.17　毛庄组

灰色极薄层泥质云岩和透镜状砾屑云岩与灰色页岩互层

图 2.18　毛庄组

灰色薄—中层状细晶云岩

图 2.19 毛庄组

灰绿色页岩

图 2.20 毛庄组

灰色中—薄层状粉晶—细晶云岩，上层面见生物遗迹化石

图 2.21　毛庄组

浅灰色中层状鲕粒云岩与灰绿色页岩互层，层厚具有向上增厚序列

图 2.22　毛庄组

灰白色薄层状鲕粒云岩

图 2.23　毛庄组

灰白色中层状含砾屑鲕粒云岩，风化面呈灰褐色

2.2.2.4　徐庄组

岩性主要为灰色鲕粒云岩、粉晶云岩、竹叶状白云岩及灰绿色页岩，夹薄层灰绿色粉砂质页岩及灰绿色泥页岩。下段主要发育灰绿色页岩，夹薄层灰绿色粉砂质页岩、灰绿色泥页岩及竹叶状白云岩，可见波状、透镜状层理；上段主要发育灰色鲕粒灰岩、粉晶云岩，夹薄层页岩，波状层理发育（图 2.24 至图 2.28）。

图 2.28　徐庄组

灰色中层状细晶云岩

2.2.2.5　张夏组

岩性主要为灰色、灰绿色泥质云岩，灰色泥晶云岩、粉晶云岩、细晶云岩、竹叶状白云岩、鲕粒云岩及灰绿色页岩，并发育少量薄层灰色砾屑云岩及含鲕粒竹叶状白云岩。下段主要发育灰色、灰绿色泥质云岩，灰色泥晶云岩，夹灰色砾屑灰岩，可见波状层理；中段主要发育粉晶云岩、细晶云岩、竹叶状白云岩及鲕粒云岩，夹薄层页岩，可见波痕及冲沟；上段主要发育灰绿色页岩，夹薄层竹叶状白云岩、鲕粒云岩（图 2.29 至图 2.34）。

图 2.29　张夏组

灰色中层状含砾屑鲕粒灰岩

图 2.30　张夏组

灰色中—厚层状含砾屑云岩夹层

图 2.31　张夏组

竹叶状白云岩，砾屑具有双向倾斜特征

图 2.32　张夏组

灰绿色页岩夹层

图 2.33　张夏组

灰色薄层状粉晶云岩夹薄层鲕粒云岩

图 2.34　张夏组

灰绿色粉砂质页岩

2.2.2.6 三山子组

岩性主要为灰色、灰绿色泥晶云岩，灰色竹叶状白云岩及瘤状白云岩，夹薄层灰色页岩、粉晶云岩及灰绿色云质页岩。下段主要发育灰色、灰绿色泥晶云岩，灰色竹叶状白云岩及瘤状白云岩，夹薄层灰色页岩及灰绿色云质页岩，可见生物扰动及波状起伏；上段主要发育灰绿色云质页岩（图 2.35 至图 2.39）。

图 2.35 三山子组

灰色云质页岩夹中—薄层竹叶状白云岩

图 2.36　三山子组

灰色中—薄层状泥晶云岩，生物扰动发育

图 2.37　三山子组

灰色中层状竹叶状白云岩

图 2.38　三山子组

灰绿色页岩夹灰褐色薄层含砾屑鲕粒云岩

图 2.39　三山子组

灰色中—薄层状粉晶云岩

2.3 沉积相类型及特征

乌海摩尔沟野外实测剖面早古生代寒武纪划分为滨岸相、局限台地相、台地边缘相、缓坡相及台前斜坡相五大类型。

2.3.1 滨岸相

滨岸相主要发育于乌海摩尔沟剖面下寒武统馒头组，属边缘相沉积，位于古陆与开阔台地之间过渡位置，为正常浅水高能沉积环境，主要由粉砂岩、石英粉砂岩、细砂岩夹薄层泥岩、页岩等组成，砾石磨圆度好、分选一般。根据沉积物岩性特点，乌海摩尔沟实测剖面寒武纪滨岸相仅发育碎屑岩临滨一个亚相，主要为大套灰绿色、灰白色、褐灰色薄层石英砂岩、细砂岩沉积，仅临滨顶部夹有薄层灰绿色页岩，砂岩中偶见波痕和生物遗迹（图 2.40 至图 2.42）。

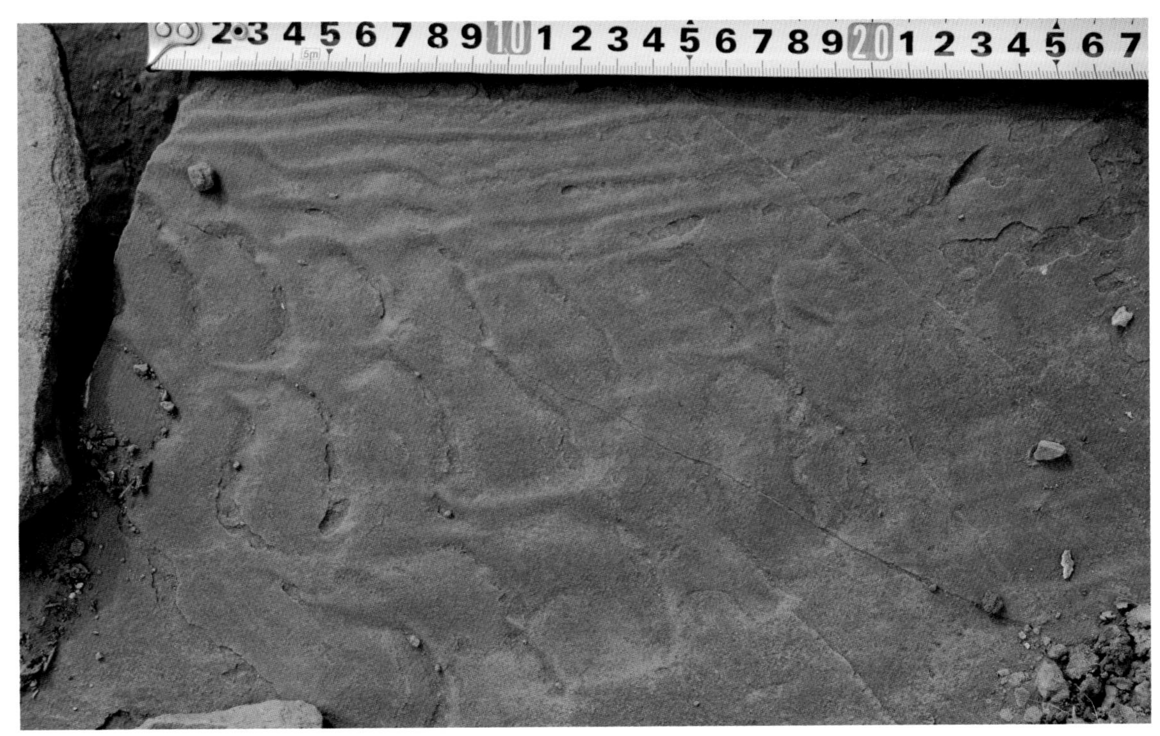

图 2.40 毛庄组

细砂岩上层面单向流水波痕与不对称浪成波痕

图 2.41 馒头组

生物扰动构造，前滨

图 2.42 馒头组

灰绿色泥页岩与石英砂岩互层，波痕发育，临滨

2.3.2 局限台地相

局限台地相是乌海摩尔沟寒武系实测剖面中较为发育的沉积相。局限台地相在张夏组、三山子组都有沉积。岩石类型包括鲕粒云岩、竹叶状白云岩、砂质云岩夹少量泥岩、竹叶状灰岩、云质灰岩，将局限台地亚相划分为碳酸盐岩潮坪、潟湖、台缘滩等微相（图 2.43 至图 2.48）。

图 2.43 张夏组

灰色泥晶—粉晶云岩，层面波状起伏，潮下带

图 2.44　张夏组

灰色中—薄层状鲕粒云岩，发育顺层缝合线，台内滩

图 2.45　张夏组

灰色中层状竹叶状白云岩，风暴岩

图 2.46　徐庄组

波状—透镜状层理，泥质云岩，潮坪沉积

图 2.47　三山子组

水平层理，潮下带

图 2.48　张夏组

泥晶云岩与泥岩呈薄互层，潮下带

2.3.3　碳酸盐岩台前斜坡相

台地前缘斜坡的沉积物主要为各种重力流碳酸盐岩沉积，主要发育在徐庄组和张夏组，其岩性为砾屑云岩、砂屑云岩、泥质条带状石灰岩及页岩等，原地沉积的细粒沉积物颜色一般为深灰色—黑灰色薄层状，可见遗迹化石，化石以生物碎片为主（图 2.49 和图 2.50）。

图 2.49　张夏组

灰色砾屑云岩，风暴岩

图 2.50　徐庄组

灰绿色薄层状泥质云岩，波痕发育，潮下带

2.3.4 碳酸盐岩缓坡相

碳酸盐岩缓坡相在馒头组、毛庄组及徐庄组均有发育，可进一步划分为内缓坡、外缓坡及中缓坡亚相，岩性以泥页岩、泥灰岩及泥云岩为主（图 2.51）。

图 2.51 毛庄组

灰色透镜状粉晶云岩夹泥页岩，中缓坡

2.4 储层特征

2.4.1 储集岩类型

2.4.1.1 馒头组

馒头组储层岩性主要为灰白色石英细砂岩、浅灰色细砂岩、瘤状灰质云岩及泥晶云岩（图 2.52 至图 2.55）。

图 2.52 馒头组

灰白色薄—中层状细粒石英砂岩，可见溶孔

图 2.53 馒头组

灰褐色中层状细粒石英砂岩

图 2.54 馒头组

褐灰色薄—中层状瘤状灰质云岩

图 2.55　馒头组

灰色薄—中层状泥晶云岩，可见微裂缝

2.4.1.2　毛庄组

毛庄组储层岩性主要为深灰色、灰色、浅灰色粉晶云岩、细晶云岩、石灰质云岩，并夹有薄层瘤状白云岩及少量鲕粒云岩（图 2.56 至图 2.58）。

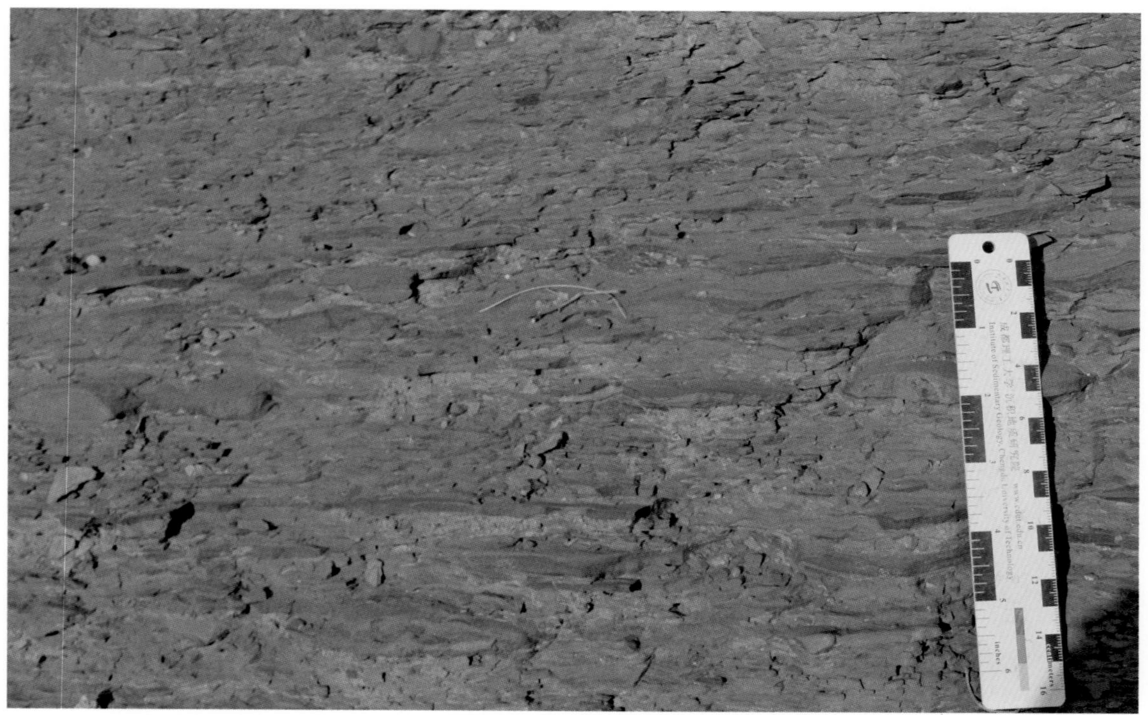

图 2.56　毛庄组

灰色透镜状粉晶云岩夹泥页岩

图 2.57　毛庄组

灰白色鲕粒云岩与粉晶白云岩和砾屑白云岩薄互层

图 2.58　毛庄组

灰绿色页岩

2.4.1.3　徐庄组

徐庄组储层岩性主要为灰色竹叶状白云岩、鲕粒云岩、粉晶云岩及少量砾屑云岩（图 2.59 至图 2.61）。

图 2.59　徐庄组

浅灰色中层状竹叶状白云岩，顶部可见少量溶蚀孔隙

图 2.60　徐庄组

深灰色中层状鲕粒云岩，发育顺层缝合线

图 2.61　徐庄组

灰色薄层状白云岩与鲕粒云岩互层，发育垂直生物钻孔，钻孔处可见晶间孔

2.4.1.4　张夏组

张夏组储层岩性主要为灰色和灰绿色泥质云岩、灰色泥晶云岩、粉晶云岩、细晶云岩、竹叶状白云岩、鲕粒云岩，并发育少量薄层灰色砾屑云岩、灰色砾屑灰岩及含鲕粒竹叶状白云岩（图 2.62 至图 2.64）。

图 2.62　张夏组

灰色中—厚层状含鲕粒砾屑云岩，微裂缝发育

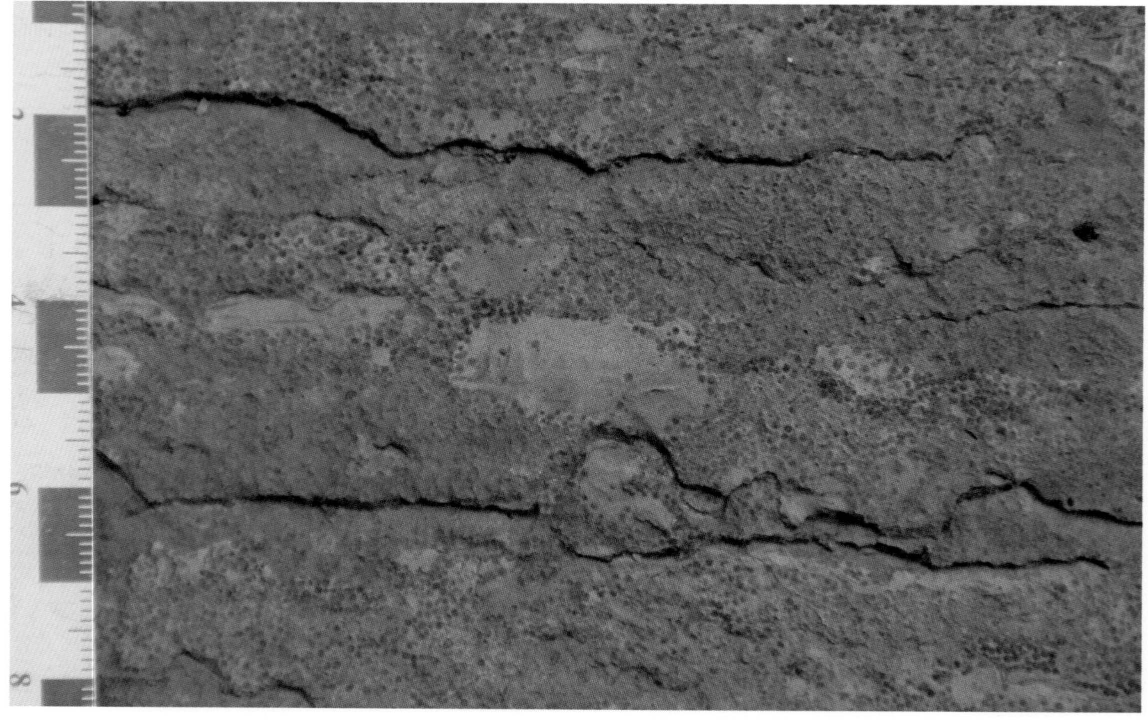

图 2.63　张夏组

浅灰色中层状鲕粒云岩

图 2.64　张夏组

灰色薄层状鲕粒云岩与泥晶云岩互层

2.4.1.5　三山子组

三山子组储层岩性主要为灰色、灰绿色泥晶云岩，灰色竹叶状白云岩及瘤状白云岩夹薄层粉晶云岩（图 2.65 和图 2.66）。

图 2.65　三山子组

灰绿色薄层状泥质云岩

图 2.66　三山子组

灰色薄—中层状竹叶状灰岩

2.4.2 储集空间

通过在宏观上对鄂尔多斯盆地乌海摩尔沟实测剖面观察及显微镜下薄片观察，统计出该剖面储集空间类型主要有溶孔（溶洞）、晶间孔、晶间溶孔、粒间溶孔、残余粒间孔、溶缝及构造缝等类型（图 2.67 至图 2.72）。

图 2.67　馒头组

孤立溶孔和微裂缝，黄灰色中—薄层状粉晶—细晶云岩（视域横向 30cm）

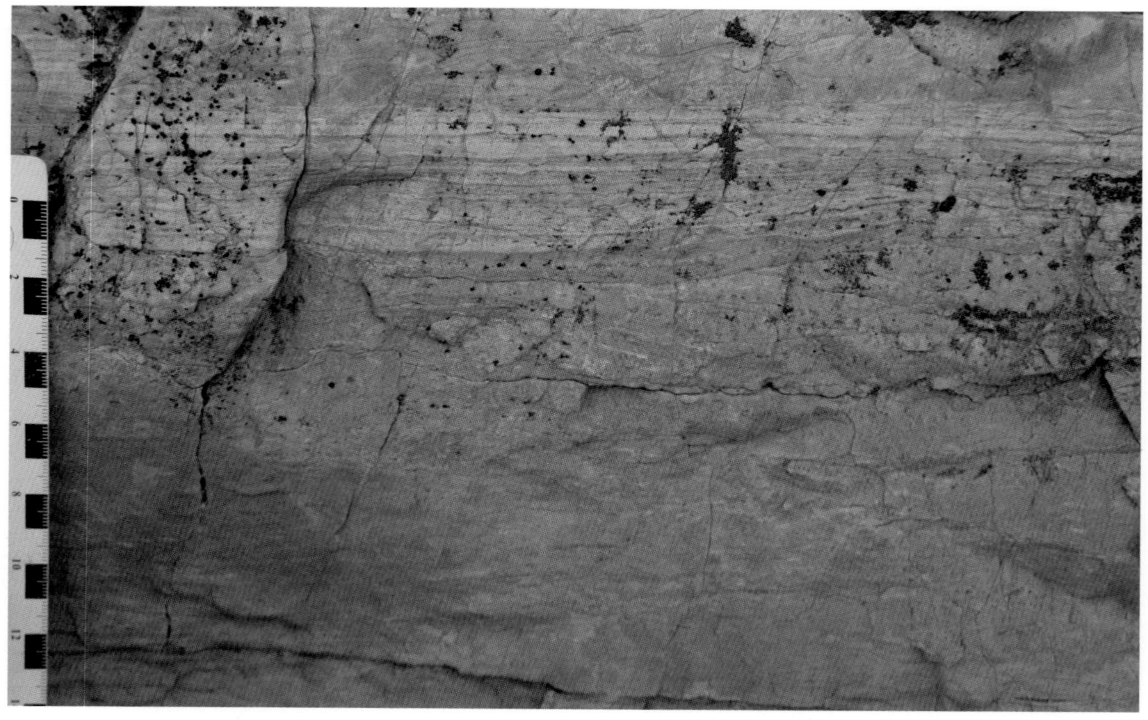

图 2.68　毛庄组

孤立溶孔和微裂缝，灰色中层状泥晶灰岩

图 2.69　张夏组

晶间溶孔，残余鲕粒云岩，单偏光，蓝色铸体

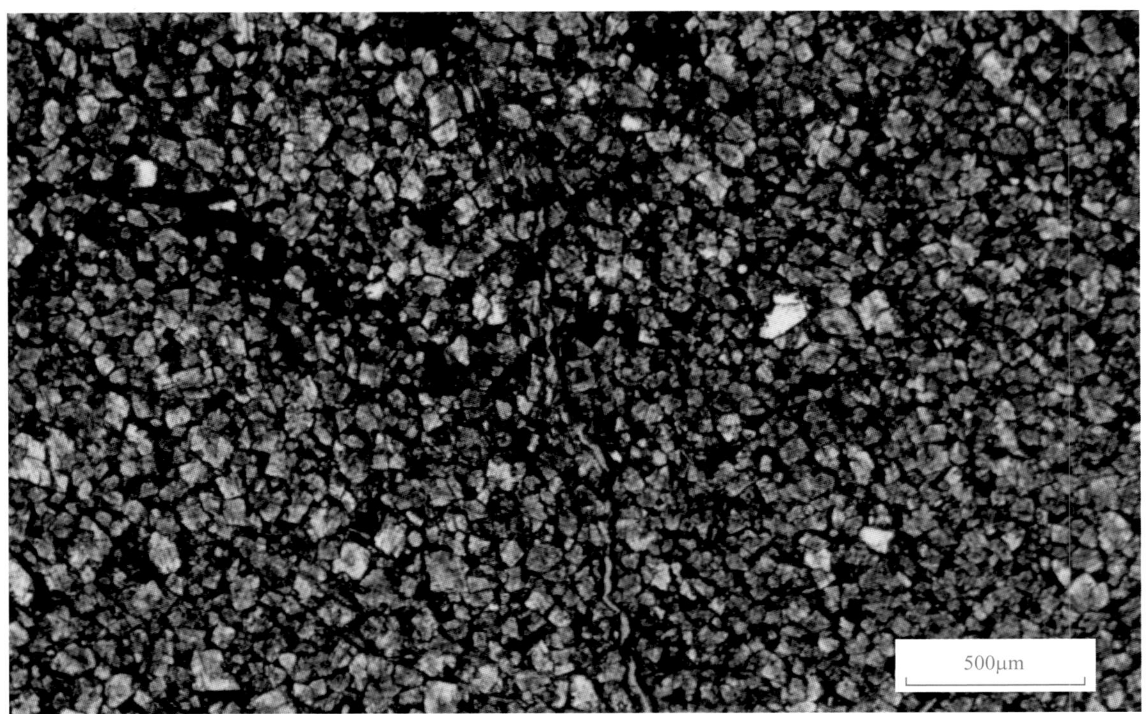

图 2.70 毛庄组

晶间溶孔和微裂缝及缝合线，粉晶云岩，单偏光，蓝色铸体

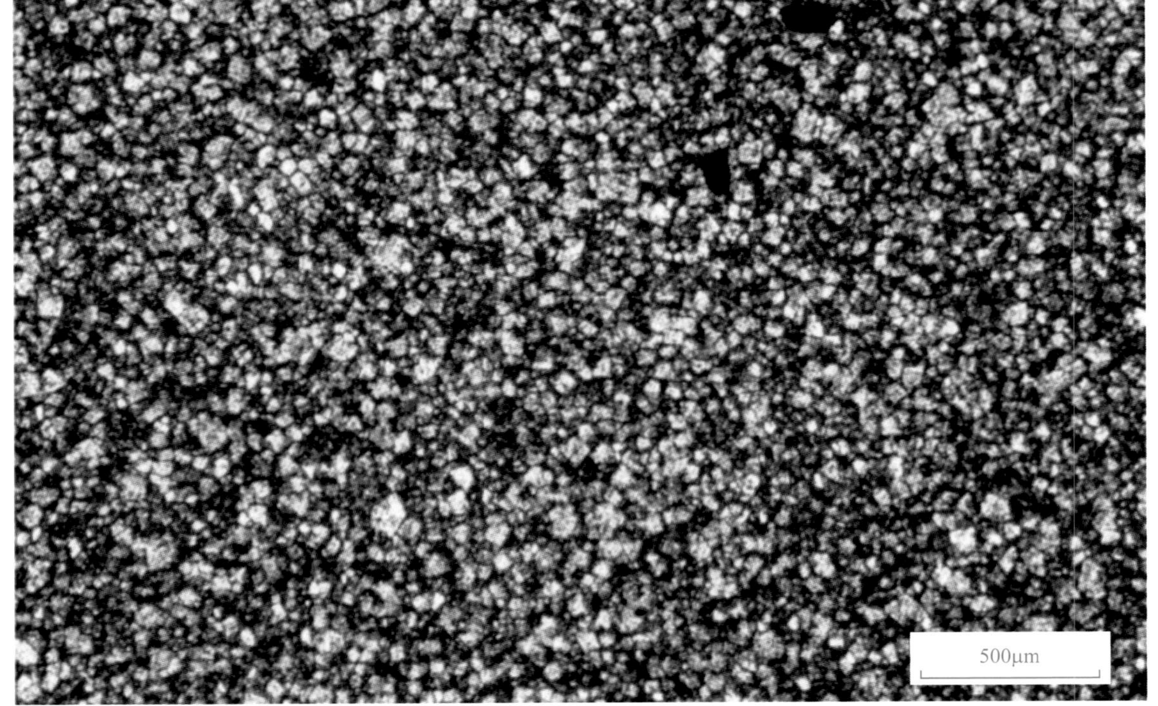

图 2.71 三山子组

少量晶间孔，粉晶云岩，正交偏光，蓝色铸体

图 2.72　毛庄组

微裂缝残余孔隙，粉晶云岩，单偏光，蓝色铸体

3 同心青龙山寒武系剖面

3.1 剖面概述

同心青龙山剖面位于宁夏回族自治区吴忠市同心县韦州镇（图 3.1）。寒武系各组出露较好，地层界限清楚，岩性特征明显，生物化石丰富，是鄂尔多斯盆地西缘的典型剖面之一。同心青龙山实测剖面寒武系出露下寒武统馒头组，中寒武统毛庄组、徐庄组、张夏组及上寒武统三山子组（图 3.2）。

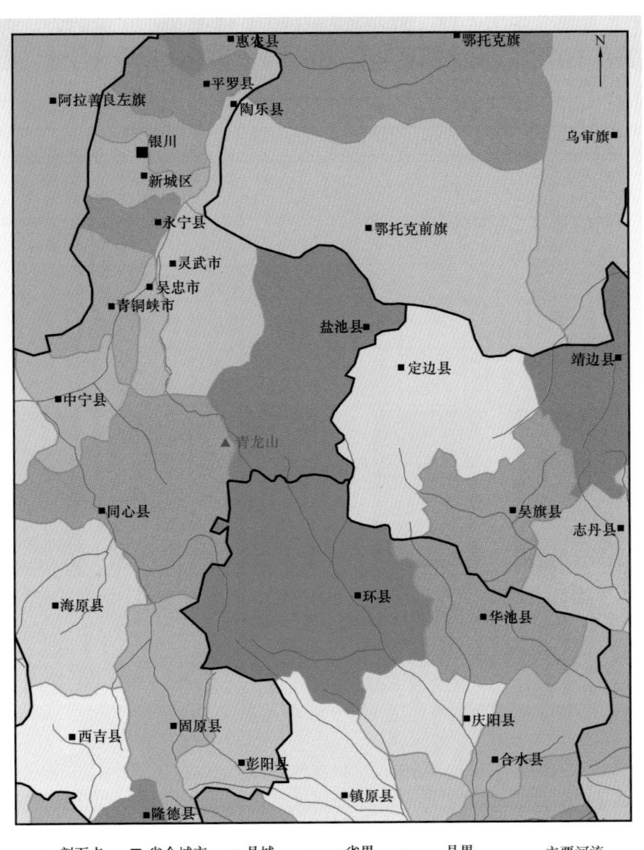

图 3.1　同心县青龙山剖面位置

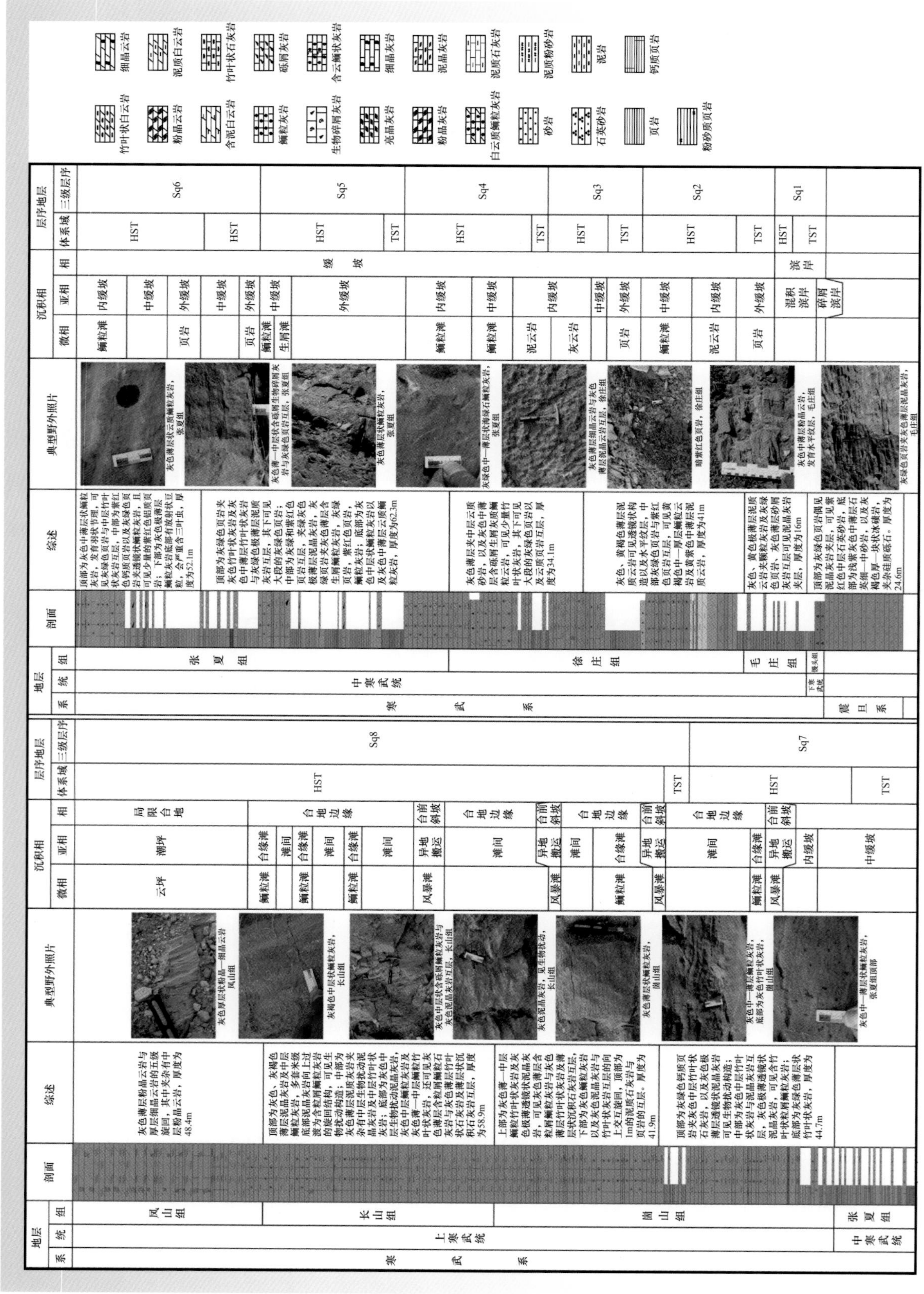

系	统	组	综述	典型野外照片
寒武系	上寒武统	凤山组	灰色薄层粉晶云岩与厚层细晶云岩的五级旋回，其中夹杂有中层粉晶云岩，厚度为48.4m	灰色厚层状粉晶—细晶云岩凤山组
寒武系	上寒武统	长山组	顶部为灰色、灰褐色薄层泥晶灰岩及中层鲕粒灰岩，多套米级底部泥晶灰岩向上过渡为含粒屑鲕粒灰岩的旋回结构，可见生物扰动构造；中部为灰色薄层泥质灰岩夹杂有中层生物扰动泥晶灰岩及中层竹叶状灰岩；底部为灰色中层生物扰动泥晶灰岩，灰色中层鲕粒灰岩及灰色薄—中层鲕粒竹叶状灰岩，还可见灰色薄层含粒屑鲕粒石灰岩与灰色薄层竹叶状石灰岩及薄层状沉积石灰岩互层，厚度为58.9m	灰褐色中层状鲕粒灰岩，长山组；灰色中层状含砾屑鲕粒灰岩与灰色泥晶灰岩互层，长山组；灰色泥晶灰岩，见生物扰动，长山组
寒武系	上寒武统	崮山组	上部为灰色薄—中层鲕粒竹叶状灰岩及灰色极薄透镜状泥晶灰岩，可见灰色薄层含粒屑鲕粒灰岩与灰色薄层竹叶状灰岩及薄层状沉积石灰岩互层，下部为灰色鲕粒灰岩以及灰色泥晶灰岩与竹叶状灰岩互层的向上交互旋回，顶部为1m的泥质石灰岩与页岩的互层。厚度为41.9m	灰色薄层状鲕粒灰岩，崮山组
寒武系	上寒武统	崮山组	顶部为灰绿色钙质页岩夹灰色中层竹叶状石灰岩，以及灰色极薄层透镜状泥晶灰岩可见生物扰动构造；中部为灰色中层竹叶状灰岩与泥晶灰岩互层，灰色极薄透镜状泥晶灰岩，可见含竹叶状粒屑鲕粒灰岩；底部为灰绿色薄层状竹叶状灰岩，厚度为44.7m	灰色中—薄层鲕粒灰岩，底部为灰色竹叶状灰岩，崮山组
寒武系	中寒武统	张夏组		灰色中—薄层状鲕粒灰岩，张夏组顶部

微相	亚相	相	体系域	三级层序
云坪	潮坪	局限台地	HST	Sq8
鲕粒滩	台缘滩	台地边缘	HST	Sq8
	滩间	台地边缘	HST	Sq8
鲕粒滩	台缘滩	台地边缘	HST	Sq8
	滩间	台地边缘	HST	Sq8
鲕粒滩	台缘滩	台地边缘	HST	Sq8
	滩间	台地边缘	HST	Sq8
风暴滩	异地搬运	台前斜坡	HST	Sq8
	滩间	台地边缘	HST	Sq8
风暴滩	异地搬运	台前斜坡	HST	Sq8
	滩间	台地边缘	HST	Sq8
鲕粒滩	台缘滩	台地边缘	HST	Sq8
风暴滩	异地搬运	台前斜坡	HST	Sq8
	滩间	台地边缘	TST	Sq8
	滩间	台地边缘	HST	Sq7
鲕粒滩	台缘滩	台地边缘	HST	Sq7
风暴滩	异地搬运	台前斜坡	HST	Sq7
	内缓坡		HST	Sq7
	中缓坡		TST	Sq7

系	统	组	综述	典型野外照片
寒武系	中寒武统	张夏组	顶部为灰色中薄层状鲕粒灰岩，发育羽状节理，可见灰绿色页岩与中层竹叶状灰岩互层，中部为紫红色钙质页岩以及灰绿色页岩夹透镜状鲕粒灰岩，且可见少量的紫红色铝质页岩；下部为灰色极薄层鲕粒灰岩底部有放射状豆粒，会严重含三叶虫，厚度为52.1m	灰色薄层状云质鲕粒灰岩，张夏组
寒武系	中寒武统	张夏组	顶部为灰绿色页岩夹灰色竹叶状灰岩及灰色中薄层竹叶状灰岩与灰绿色极薄层泥质灰岩互层，其下可见大段的灰绿色页岩；中部为灰绿和紫红色页岩互层，夹绿灰色极薄层泥晶灰岩，灰绿页岩夹灰色薄层含生屑鲕粒灰岩，灰绿页岩，紫红色页岩，鲕粒灰岩；底部为灰色中层状鲕粒灰岩以及灰色中薄层云质鲕粒灰岩，厚度为62.3m	灰色薄—中层状含砾屑生物碎屑灰岩与灰绿色页岩互层，张夏组；灰色薄层状鲕粒灰岩，张夏组
寒武系	中寒武统	徐庄组	灰色薄层夹中层云质砂岩，以及灰色中薄层含砾屑生屑灰质鲕粒云岩，可见少量竹叶状灰岩，其下可见大段的灰绿色页岩以及云质页岩互层，厚度为34.1m	灰绿色中—薄层状海绿石鲕粒灰岩，张夏组；灰色薄层细晶云岩与灰色薄层泥晶云岩互层，徐庄组
寒武系	中寒武统	徐庄组	灰色、黄褐色薄层泥质云岩可见透镜状构造以及水平纹层，中部灰绿色页岩与紫红色页岩互层，可见黄褐色中—厚层鲕粒云岩及黄紫色中薄层泥质云岩，厚度为41m	暗紫红色页岩，徐庄组
寒武系	中寒武统	毛庄组	灰色、黄色极薄层泥质云岩夹颗粒灰岩及灰绿色页岩、灰色薄层砂屑灰岩互层可见泥晶灰岩夹层，厚度为16m	灰色中薄层粉晶云岩，发育水平纹层，毛庄组
寒武系	下寒武统	馒头组	顶部为灰绿色页岩偶见泥晶灰岩夹层，可见紫红色中层石英砂岩，底部为浅紫灰色中薄层石英细—中砂岩，以及灰褐色厚—块状冰碛岩，夹杂硅质砾石。厚度为24.6m	灰绿色页岩夹灰色薄层泥晶灰岩，毛庄组
震旦系				

微相	亚相	相	体系域	三级层序
鲕粒滩	内缓坡	缓坡	HST	Sq6
	中缓坡	缓坡	HST	Sq6
页岩	外缓坡	缓坡	HST	Sq6
	中缓坡	缓坡	HST	Sq6
页岩	外缓坡	缓坡	HST	Sq6
鲕粒滩、生屑滩	中缓坡	缓坡	HST	Sq5
	外缓坡	缓坡	HST / TST	Sq5
鲕粒滩	内缓坡	缓坡	HST	Sq4
鲕粒滩	中缓坡	缓坡	HST	Sq4
泥云岩	内缓坡	缓坡	HST / TST	Sq4
灰云岩	内缓坡	缓坡	HST	Sq3
	中缓坡	缓坡	HST	Sq3
页岩	外缓坡	缓坡	TST	Sq3
鲕粒滩	中缓坡	缓坡	HST	Sq2
泥云岩	内缓坡	缓坡	HST	Sq2
页岩	外缓坡	缓坡	TST	Sq2
	混积滨岸	滨岸	HST	Sq1
	碎屑滨岸	滨岸	TST	Sq1

图例：竹叶状白云岩、细晶云岩、粉晶云岩、泥质白云岩、含泥白云岩、竹叶状石灰岩、鲕粒灰岩、砾屑灰岩、生物碎屑灰岩、含云鲕状灰岩、亮晶灰岩、细晶灰岩、粉晶灰岩、泥晶灰岩、白云质鲕粒灰岩、泥质石灰岩、砂岩、泥质粉砂岩、石英砂岩、泥岩、页岩、钙质页岩、粉砂质页岩

图 3.2　同心青龙山综合柱状图

3.2 地层接触关系及地层岩性

3.2.1 地层接触关系

同心青龙山剖面震旦系和寒武系呈平行不整合接触，寒武系内部地层均呈整合接触（图 3.3 至图 3.6）。

图 3.3 震旦系（冰碛砾岩）与寒武系（底部为石英砂岩）的分界线

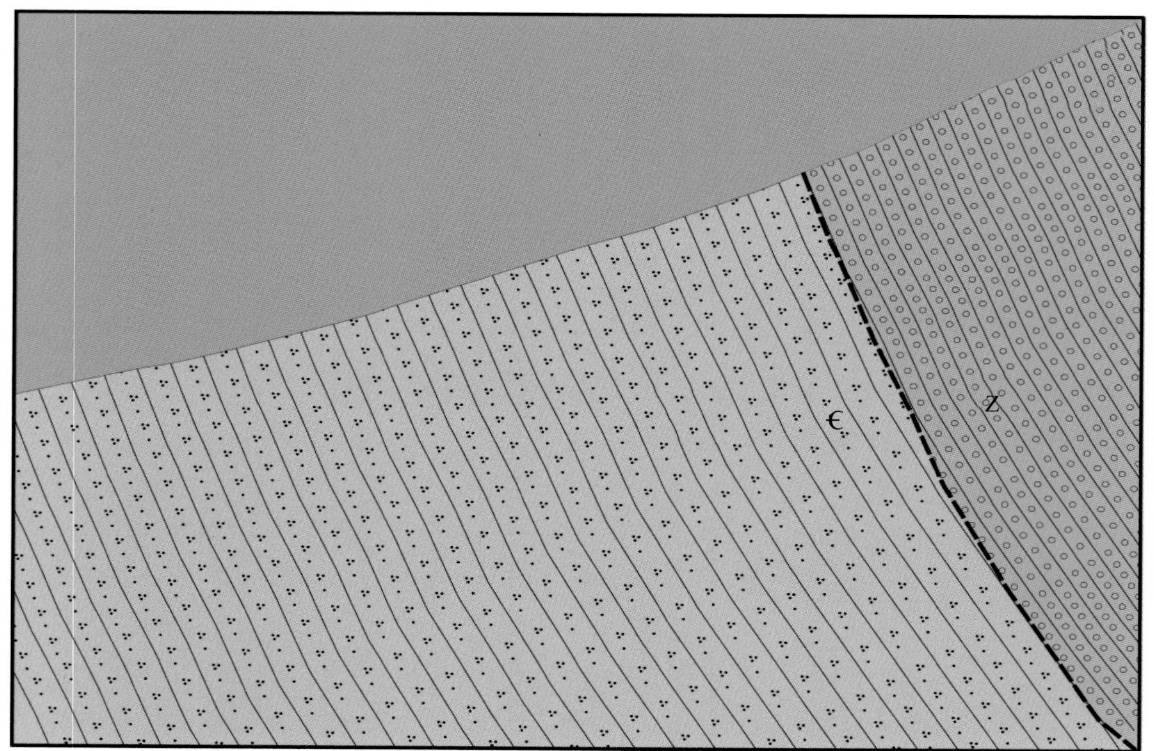

图 3.4　震旦系（冰碛砾岩）与寒武系（底部为石英砂岩）的分界线示意图

图 3.5　毛庄组与徐庄组的分界线，以石英砂岩结束为分界

图 3.6　徐庄组与张夏组的分界线，以大套鲕粒灰岩出现为界

3.2.2　各组岩性特征

3.2.2.1　震旦系

岩性主要为灰褐色厚层—块状冰碛砾岩，砾石为硅质，砾石粒径 3～20cm，杂乱，呈棱角状（图 3.7）。

图 3.7 冰碛砾岩，震旦系正目观组

3.2.2.2 馒头组（五道淌组）

岩性主要为灰绿色页岩和浅紫灰色中—薄层状细—中粒石英砂岩，可见交错层理发育（图 3.8 和图 3.9）。

图 3.8 馒头组，五道淌组

浅紫灰色中—薄层石英细—中砂岩

图 3.9 馒头组，五道淌组

浅紫灰中薄层石英细—中砂岩，发育冲洗交错层理

3.2.2.3 毛庄组

岩性主要为灰色、黄色极薄层泥质云岩夹颗粒灰岩及灰绿色页岩、灰绿色页岩和石英砂岩互层，可见泥晶灰岩夹层，黄色极薄层泥质云岩中见水平纹层发育（图 3.10 至图 3.13）。

图 3.10　毛庄组

灰绿色页岩

图 3.11 毛庄组

灰绿色页岩和灰色中—薄层石英砂岩互层，砂岩具有下切结构

图 3.12 毛庄组

灰色薄层状泥晶灰岩

图 3.13　毛庄组

黄色薄层状泥质云岩，水平纹层发育

3.2.2.4　徐庄组

岩性主要为白云岩和泥岩。岩性为灰色、黄褐色薄层泥质白云岩，可见透镜状构造及水平纹层，中部为灰绿色页岩与紫红色页岩互层，可见黄褐色中—厚层鲕粒云岩及黄紫色中—薄层泥质云岩，灰色薄层夹中层状云质砂岩，以及灰色中—薄层含砾屑生物碎屑石灰质鲕粒云岩，见少量竹叶状白云岩，可见大段的灰绿色页岩及云质页岩互层，厚度为 75.1m（图 3.14 至图 3.17）。

图 3.14　徐庄组

黄褐色薄层状泥质云岩

图 3.15　徐庄组

黄褐色鲕粒云岩

图 3.16 徐庄组

灰色竹叶状白云岩，砾屑顺层分布

图 3.17 徐庄组

灰色中—厚层鲕粒云岩与黄褐色中薄层泥晶云岩互层

3.2.2.5 张夏组

底部为灰绿色页岩夹灰色竹叶状灰岩及灰色中—薄层竹叶状灰岩与灰绿色极薄层泥质灰岩互层，其下可见大段的灰绿色页岩；中部为灰绿色和紫红色页岩互层，夹灰绿色极薄层泥晶灰岩，灰绿色页岩夹灰色薄层含生物碎屑鲕粒灰岩、灰绿色页岩、紫红色页岩、砾屑灰岩；顶部为灰色中层状鲕粒、豆粒石灰岩、灰色中薄层云质鲕粒灰岩及灰色钙质页岩，厚度为 115.4m（图 3.18 至图 3.21）。

图 3.18 张夏组

灰绿色页岩夹薄层—透镜状鲕粒灰岩和含砾屑鲕粒灰岩

图 3.19　张夏组

灰色中层状鲕粒灰岩

图 3.20　张夏组

灰色中—厚层状砾屑灰岩

图 3.21 张夏组

灰色鲕粒豆粒灰岩

3.2.2.6 崮山组

下部岩性主要为灰色含竹叶状砾屑鲕粒灰岩、灰色中层竹叶状灰岩与泥晶灰岩互层、灰色极薄层透镜状泥晶灰岩；中部为灰绿色钙质页岩夹灰色中层状竹叶状灰岩及灰色极薄层透镜状泥晶灰岩，可见生物扰动构造；顶部为灰色薄—中层竹叶状鲕粒灰岩及灰色极薄层透镜状泥晶石灰岩，可见灰色薄层含砾屑鲕粒灰岩与灰色薄层竹叶状灰岩以及薄层状石灰岩互层，厚度为 86.6m（图 3.22 至图 3.24）。

图 3.22　崮山组

灰色中层状竹叶状灰岩

图 3.23　崮山组

灰色薄层状泥晶灰岩夹灰色页岩

图 3.24 崮山组

灰色含砾屑鲕粒灰岩与泥晶灰岩薄互层

3.2.2.7 长山组

下部岩性主要为灰色薄层含砾屑鲕粒灰岩与灰色薄层竹叶状灰岩及中薄层状泥晶灰岩互层，以及灰色中层生物扰动泥晶灰岩和灰色中层鲕粒灰岩及灰色薄—中层鲕粒竹叶状灰岩；中部为灰色薄层泥质灰岩夹中层生物扰动泥晶灰岩及中层竹叶状灰岩；顶部为灰色、灰褐色薄层泥晶灰岩及中层鲕粒灰岩，底部为多套厚度为米级的泥晶灰岩，向上过渡为含砾屑鲕粒灰岩的旋回结构，可见生物扰动构造，厚度为 58.9m（图 3.25 至图 3.28）。

图 3.25 长山组

灰色薄层状泥晶灰岩

图 3.26 长山组

灰色微生物灰岩，生物扰动构造发育

图 3.27 长山组

灰色竹叶状灰岩

图 3.28 长山组

灰色薄层状泥晶灰岩，层面波状起伏

3.2.2.8 凤山组

岩性主要为灰色细晶云岩与薄层粉晶云岩互层，其中夹杂有中层粉晶云岩，见薄层粉晶云岩与中—厚层粉晶云岩的米级旋回，厚度为48.4m（图3.29至图3.32）。

图3.29 凤山组

灰色薄层状细晶云岩

图 3.30 凤山组

灰色中层状细晶云岩，生物扰动构造发育

图 3.31 凤山组

薄层粉晶云岩—厚层细晶云岩互层结构（横向视域 5m）

图 3.32　凤山组

灰色中层状粉晶云岩

3.3　沉积相类型及特征

3.3.1　沉积相类型划分

在威尔逊碳酸盐岩模式基础上，结合野外实测剖面和沉积相发育特点，将同心青龙山剖面分为局限台地相、台前斜坡相、台地边缘相、缓坡相及滨岸相共五类沉积类型，进一步可划分为潮坪、台缘滩、滩间、潟湖、原地沉积—异地搬运、内缓坡、中缓坡、外缓坡及碎屑滨岸—混积滨岸等亚相沉积。

3.3.2 沉积相特征

3.3.2.1 局限台地

本剖面中局限台地相沉积主要发育于凤山组，主要为潮坪沉积，由于在该沉积体系内海水循环差，导致海水盐度高，不适宜生物生存，生物种类稀少，少见化石，岩性以细晶—粉晶云岩、灰泥等为主。碳酸盐岩潮坪亚相处于平均低潮面附近至平均高潮面附近的低平地区，主体处于潮间—潮上环境，从陆向海可划分出潮上带、潮间带和潮下带，并且可根据沉积物类型和沉积特征细分出云坪等微相。

本条剖面局限台地只发育云坪微相，其处于潮间—潮上环境，主要由浅灰色、褐灰色薄层状泥晶、粉晶云岩组成，可见水平层理、变形层理、干裂构造等，有时可含少量残余砂屑（图 3.33 至图 3.35）。

图 3.33　凤山组

灰色薄层状粉晶云岩波状纹层发育，云坪

图 3.34　凤山组

灰色中层状粉晶云岩，云坪

图 3.35　凤山组，底部横向视域 4m

灰色中—厚层状白云岩，云坪

3.3.2.2 台地边缘

本次剖面中台地边缘相主要发育在崮山组和长山组中，主要包括台缘滩和滩间亚相沉积。与局限台地上的台内滩相似，台缘滩亚相也主要发育于浪基面上的局部水下高地，水体较浅，水动力相对较强，有利于碳酸盐颗粒的形成与堆积。根据组成台缘滩的颗粒组分，可细分为鲕粒滩微相和砂屑滩微相，前者主要由灰色亮晶（或泥晶）鲕粒灰岩组成，后者主要以灰色亮晶（或泥晶）砂屑灰岩为代表（图 3.36 至图 3.38）。

图 3.36 张夏组

灰色鲕粒灰岩，生物扰动构造发育，鲕粒滩

图 3.37　长山组

灰褐色中层状鲕粒灰岩，鲕粒滩

图 3.38　长山组

灰褐色含砾屑鲕粒灰岩，鲕粒滩

滩间亚相是处于正常浪基面下的、台缘浅滩之间的海底洼地，水深相对较大。所形成的岩石类型主要为灰色、深灰色泥晶灰岩、泥质泥晶灰岩和泥灰岩，可见水平层理、块状构造、生物扰动构造、风暴作用形成的冲刷面和递变层理等沉积构造（图 3.39 至图 3.42）。

图 3.39　崮山组

灰色极薄层透镜状泥晶灰岩，滩间

图 3.40　崮山组

灰色薄层状泥晶灰岩，滩间

图 3.41　长山组

灰色薄层状泥晶灰岩，滩间

图 3.42 长山组

灰色薄层状泥晶灰岩，滩间

3.3.2.3 台前斜坡

主要发育于崮山组和长山组中，呈间歇性局部分布，厚度相对较小。台缘斜坡位于台地边缘向海一侧的斜坡区，除了正常重力流、碎屑流沉积外，其主要水动力条件为风暴环境，在风暴作用的影响下形成异地搬运的一套高能条件下的风暴岩。该沉积相以细粒碳酸盐岩沉积为主，主要由大套的中层—薄层状深灰色竹叶状灰岩、砾屑灰岩、泥质泥晶灰岩、泥灰岩及少量黄绿色泥岩组成（图 3.43 至图 3.45）。

图 3.43 崮山组

灰色砾屑灰岩，风暴滩

图 3.44 崮山组

深灰色竹叶状灰岩，风暴滩

图 3.45 崮山组

灰色竹叶状灰岩，风暴滩

3.3.2.4 缓坡

缓坡沉积主要发育在馒头组上部及徐庄组、毛庄组和张夏组。缓坡沉积进一步可划分为内缓坡、中缓坡及外缓坡亚相，其中内缓坡主要发育大套鲕粒灰岩、鲕粒云岩、灰质白云岩、云质灰岩及泥质云岩等沉积，中缓坡主要发育鲕粒灰岩、鲕粒云岩、生物碎屑灰岩、泥页岩等互层沉积，外缓坡主要以泥岩、页岩沉积为主，岩性较为细腻，泥质含量高，单层厚度小（图 3.46 至图 3.53）。

图 3.46　张夏组

灰绿色中层状鲕粒灰岩，内缓坡

图 3.47　徐庄组

黄色极薄层状泥质云岩，内缓坡

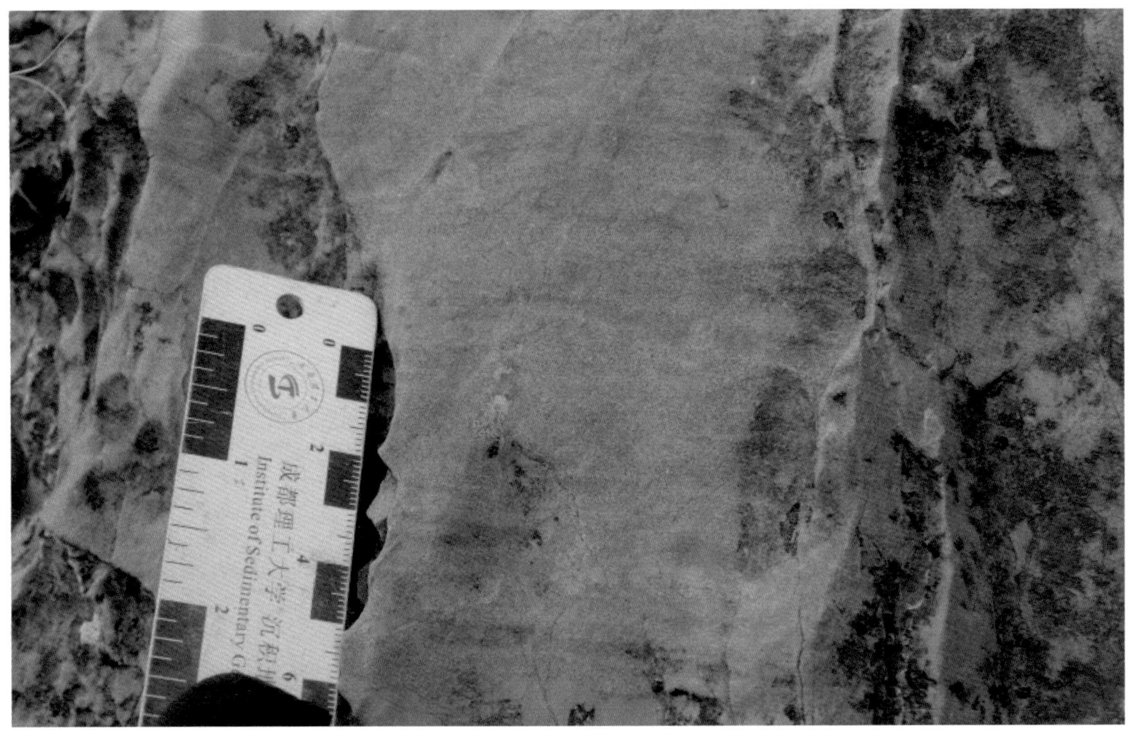

图 3.48　徐庄组

黄褐色中—厚层状鲕粒云岩，内缓坡

图 3.49　毛庄组

灰绿色极薄层状泥质云岩，内缓坡

图 3.50　张夏组

灰绿色页岩夹中—薄层状鲕粒灰岩，中缓坡

图 3.51　张夏组

灰色中—薄层状含生物碎屑泥晶灰岩，中缓坡

图 3.52　毛庄组

灰绿色薄层状页岩，外缓坡

图 3.53　徐庄组

紫红色薄层状页岩，外缓坡

3.3.2.5 滨岸

该剖面中滨岸相为正常海水的高能沉积环境，其主要发育于馒头组和毛庄组下部，进一步划分为碎屑滨岸和混积滨岸亚相沉积。其中馒头组主要为碎屑滨岸沉积，岩性主要表现为浅紫灰色石英细砂岩，厚度较小。混积滨岸主要发育于毛庄组下部，岩性上主要表现为灰绿色页岩与紫红色石英砂岩的互层沉积，其中石英砂岩厚度较小，以页岩为主，化石稀少（图 3.54）。

图 3.54　毛庄组

灰绿色—灰色页岩夹紫红色中—薄层状石英砂岩，滨岸

3.4 储层特征

3.4.1 储集岩类型

同心青龙山剖面长山组和凤山组是重要的白云岩储层发育层段，而张夏组的鲕粒灰岩则是致密储层发育层段（图 3.55 和图 3.56）。

图 3.55 张夏组

灰色薄层状鲕粒灰岩

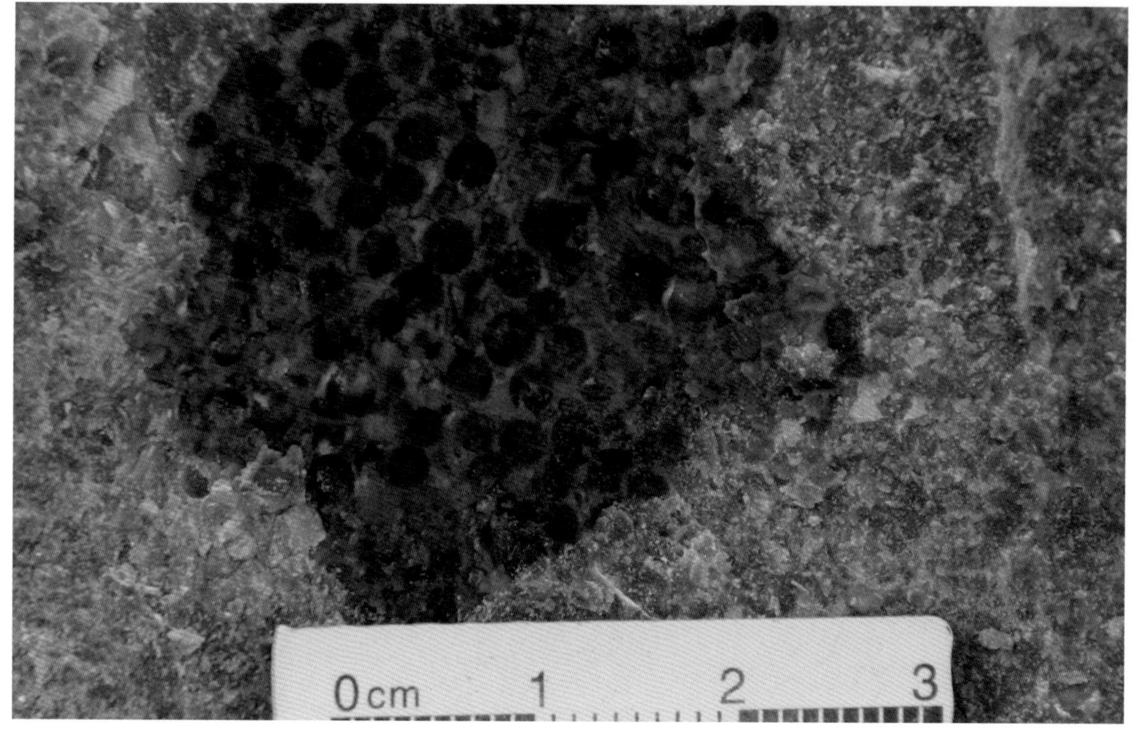

图 3.56　长山组

灰色中薄层白云质鲕粒灰岩近照

3.4.2　储集空间

同心青龙山剖面整体上岩性以泥晶云岩、鲕粒泥晶云岩、泥晶灰岩、鲕粒泥晶灰岩为主，在张夏组、崮山组发育亮晶鲕粒灰岩，可见溶蚀孔。长山组和凤山组普遍发育细晶云岩和泥晶云岩，可见少量宏观溶孔和微裂缝，可作为主要储层（图 3.57 至图 3.60）。

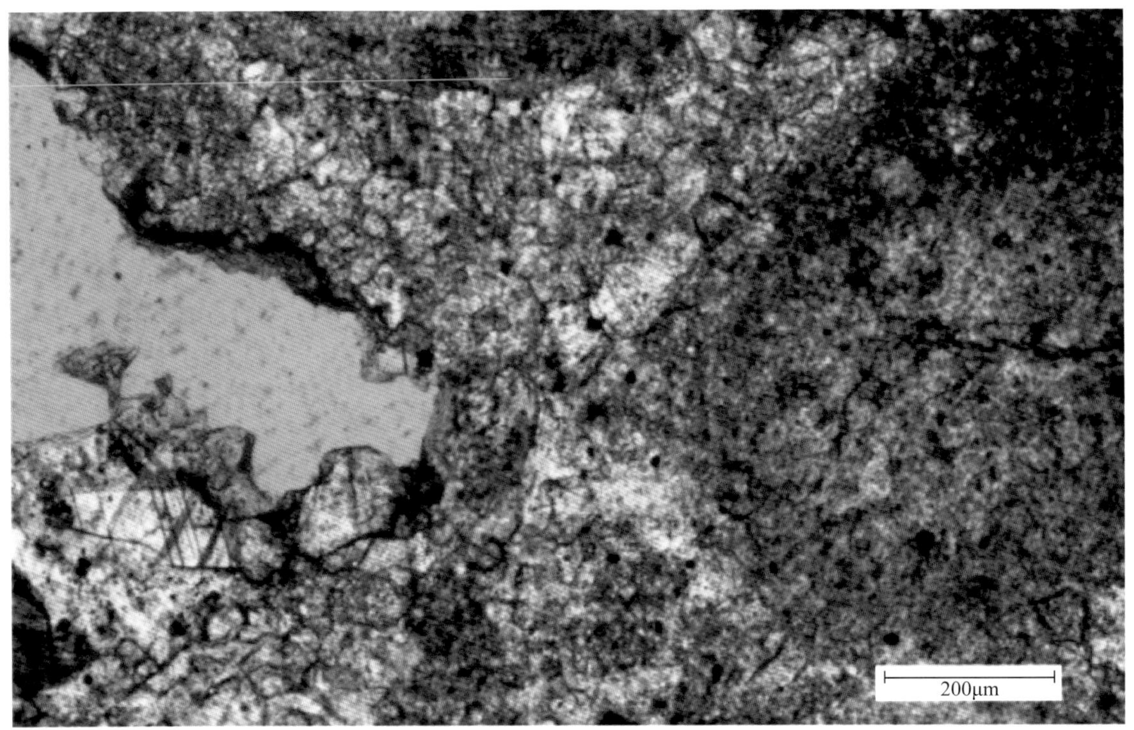

图 3.57 张夏组

溶蚀孔，白云质鲕粒灰岩，单偏光，蓝色铸体

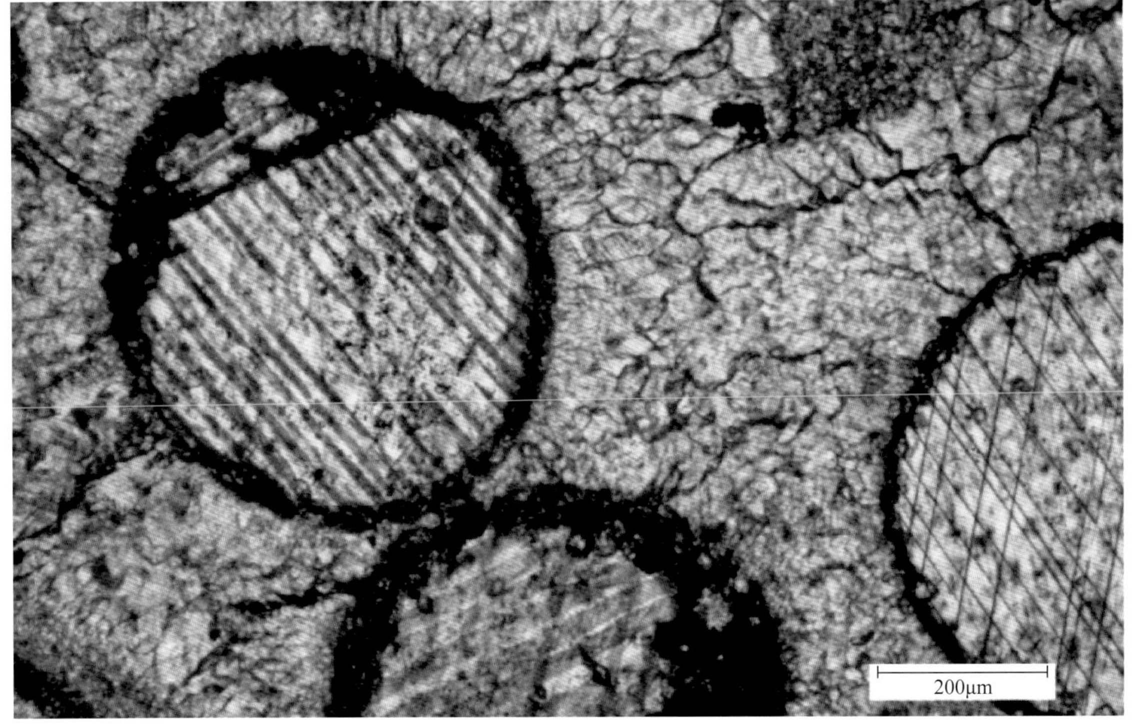

图 3.58 崮山组

溶蚀孔，方解石胶结，鲕粒灰岩，单偏光，蓝色铸体

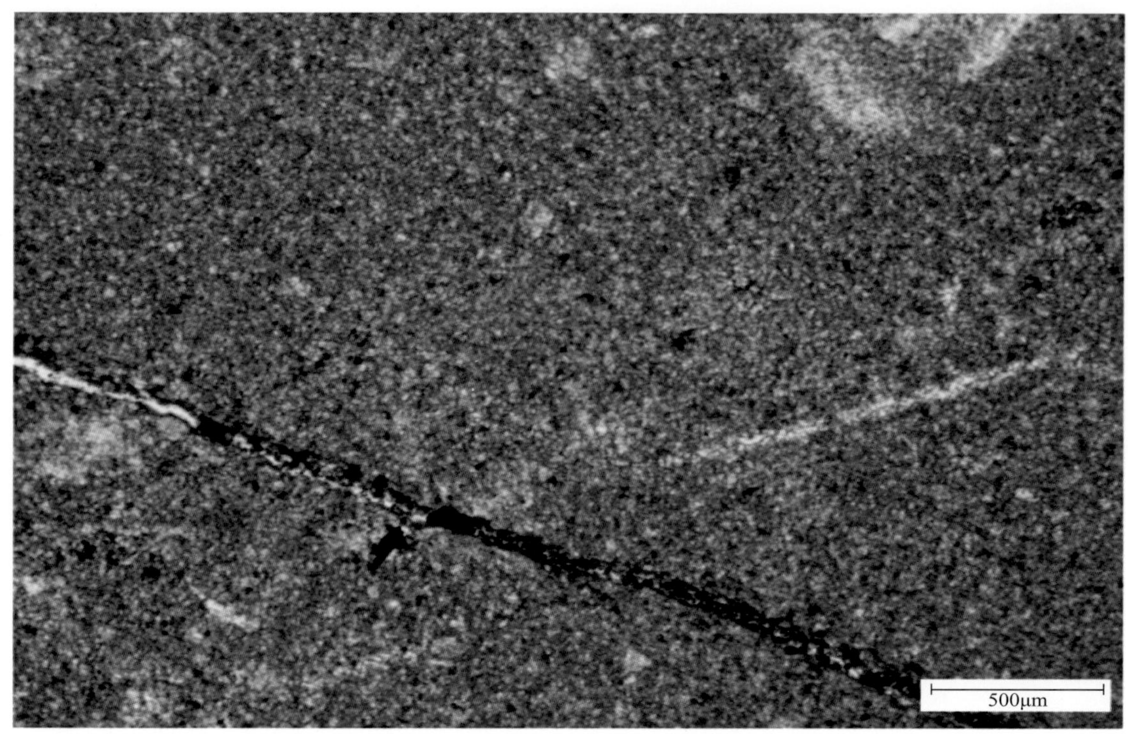

图 3.59 凤山组

微裂缝，泥微晶云岩，单偏光，蓝色铸体

图 3.60 凤山组

微裂缝，细晶云岩，单偏光，蓝色铸体

4 陇县牛心山寒武系剖面

4.1 剖面概述

陇县牛心山剖面位于陕西省宝鸡市陇县八渡镇牛心山，距离大力村约5km（图4.1）。剖面总体出露良好，因封山育林，植被覆盖，可在冬季枯水期进入，该剖面出露地层为中寒武统张夏组、徐庄组、毛庄组（图4.2）。

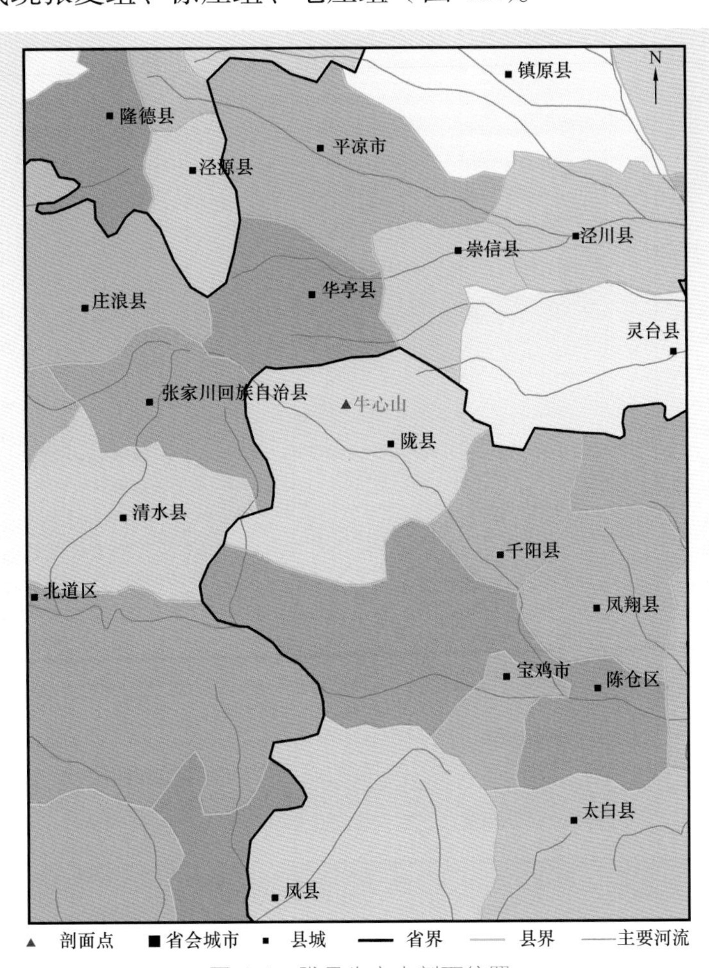

图4.1　陇县牛心山剖面位置

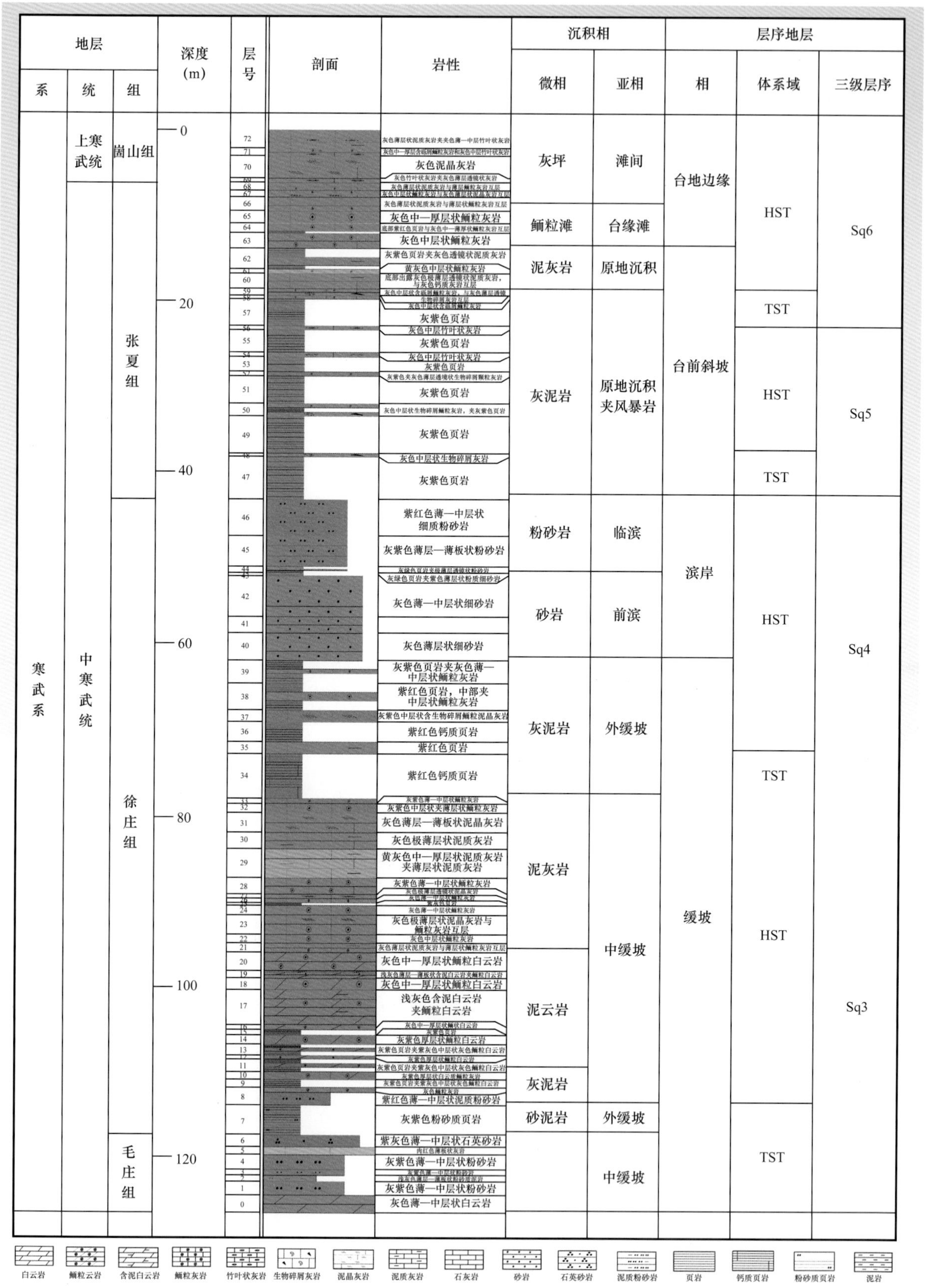

系	统	组	深度(m)	层号	岩性	微相	亚相	相	体系域	三级层序
寒武系	上寒武统	崮山组	0	72	灰色薄层状泥质灰岩夹夹色薄—中层竹叶状灰岩	灰坪	滩间	台地边缘	HST	Sq6
				71	灰色中—厚层含砾屑鲕粒灰岩和灰色中层竹叶状灰岩					
				70	灰色泥晶灰岩					
	中寒武统	张夏组		69	灰色竹叶状灰岩夹灰色薄层透镜状灰岩					
				68	灰色薄层状泥质灰岩与薄层鲕粒灰岩互层					
				67	灰色中层状鲕粒灰岩与灰色薄层状泥晶灰岩互层					
				66	灰色薄层状泥质灰岩与薄层状鲕粒灰岩互层					
				65	灰色中—厚层状鲕粒灰岩	鲕粒滩	台缘滩			
				64	底部紫红色页岩与灰色中—薄厚状鲕粒灰岩互层					
				63	灰色中层状鲕粒灰岩					
				62	灰紫色页岩夹灰色透镜状泥质灰岩	泥灰岩	原地沉积	台前斜坡		
				61	黄灰色中层状鲕粒灰岩					
				60	底部出露灰色极薄层透镜状泥质灰岩，与灰色钙质灰岩互层					
				59	灰色中层状含砾屑鲕粒灰岩，与灰色薄层透镜生物碎屑灰岩互层	灰泥岩	原地沉积夹风暴岩		TST	
			20	58	灰色中层状含砾屑鲕粒灰岩					
				57	灰紫色页岩					
				56	灰色中层竹叶状灰岩				HST	Sq5
				55	灰紫色页岩					
				54	灰色中层竹叶状灰岩					
				53	灰紫色页岩					
				52	灰紫色夹灰色薄层透境状生物碎屑颗粒灰岩					
				51	灰紫色页岩					
				50	灰色中层状生物碎屑鲕粒灰岩，夹灰紫色页岩					
				49	灰紫色页岩					
				48	灰色中层状生物碎屑灰岩					
			40	47	灰紫色页岩				TST	
		徐庄组		46	紫红色薄—中层状细质粉砂岩	粉砂岩	临滨	滨岸	HST	Sq4
				45	灰紫色薄层—薄板状粉砂岩					
				44	灰绿色页岩夹极薄层透镜状粉砂岩					
				43	灰绿色页岩夹紫色薄层状粉质细砂岩	砂岩	前滨			
				42	灰色薄—中层状细砂岩					
				41						
			60	40	灰色薄层状细砂岩					
				39	灰紫色页岩夹灰色薄—中层状鲕粒灰岩	灰泥岩	外缓坡	缓坡		
				38	紫红色页岩，中部夹中层状鲕粒灰岩					
				37	灰紫色中层状含生物碎屑鲕粒泥晶灰岩					
				36	紫红色钙质页岩					
				35	紫红色页岩					
				34	紫红色钙质页岩				TST	
				33	灰紫色薄—中层状鲕粒灰岩	泥灰岩	中缓坡			
				32	灰紫色中层状夹薄层状鲕粒灰岩				HST	Sq3
			80	31	灰色薄层—薄板状泥晶灰岩					
				30	灰色极薄层状泥质灰岩					
				29	黄灰色中—厚层状泥质灰岩夹薄层状泥质灰岩					
				28	灰紫色薄—中层状鲕粒灰岩					
				27	灰色极薄层透镜状泥晶灰岩					
				26	灰色薄—中层状鲕粒灰岩					
				25	紫灰色页岩					
				24	灰色薄—中层状鲕粒灰岩					
				23	灰色极薄层状泥晶灰岩与鲕粒灰岩互层					
				22	灰色中层状鲕粒灰岩					
				21	灰色薄层状泥质灰岩与薄层状鲕粒灰岩互层					
				20	灰色中—厚层状鲕粒白云岩	泥云岩				
				19	浅灰色薄层—薄板状含泥白云岩夹鲕粒白云岩					
			100	18	灰色中—厚层状鲕粒白云岩					
				17	浅灰色含泥白云岩夹鲕粒白云岩					
				16	灰色中—厚层状鲕状白云岩					
				15	灰紫色页岩					
				14	灰紫色厚层状鲕粒白云岩					
				13	灰紫色页岩夹紫灰色中层状灰色鲕粒白云岩					
				12	灰紫色厚层状鲕粒白云岩					
				11	灰紫色页岩夹紫灰色中层状灰色鲕粒白云岩					
				10	灰紫色厚层状白云质鲕粒灰岩	灰泥岩				
				9	灰紫色页岩夹紫灰色中层状灰色鲕粒白云岩					
				8	灰色鲕粒灰岩；紫红色薄—中层状泥质粉砂岩					
				7	灰紫色粉砂质页岩	砂泥岩	外缓坡		TST	
		毛庄组		6	紫灰色薄—中层状石英砂岩		中缓坡			
				5	肉红色薄板状灰岩					
			120	4	灰紫色薄—中层状粉砂岩					
				3	灰紫色薄—中层状粉砂岩					
				2	浅灰色薄层—薄板状粉砂质泥岩					
				1	灰紫色薄—中层状粉砂岩					
				0	灰色薄—中层状白云岩					

图例：白云岩　鲕粒云岩　含泥白云岩　鲕粒灰岩　竹叶状灰岩　生物碎屑灰岩　泥晶灰岩　泥质灰岩　石灰岩　砂岩　石英砂岩　泥质粉砂岩　页岩　钙质页岩　粉砂质页岩　泥岩

图 4.2　陇县牛心山综合柱状图

4.2 地层接触关系及地层岩性

4.2.1 地层接触关系

该剖面最上层为上寒武统崮山组，未见顶，其下分界处表现为崮山组灰色竹叶状灰岩夹灰色薄层—透镜状石灰岩与下伏中寒武统张夏组灰色薄层泥质灰岩与薄层鲕粒灰岩互层呈整合接触关系；张夏组与下伏中寒武统徐庄组分界处表现为灰紫色页岩与下伏中寒武统徐庄组紫红色薄—中层细质粉砂岩呈整合接触关系；徐庄组与中寒武统毛庄组分界处表现为灰紫色粉砂质页岩与下伏紫灰色薄—中层石英砂岩呈整合接触关系，在该实测剖面中，毛庄组未见底。

4.2.2 各组岩性特征

4.2.2.1 毛庄组

毛庄组岩性主要为紫灰色石英砂岩、紫红色泥岩、灰紫色粉砂岩及灰色薄层白云岩。层内发育的构造有单向斜层理、水平层理（图 4.3 至图 4.5）。

图 4.3　毛庄组

紫红色泥质细砂岩

图 4.4　毛庄组

紫灰色薄层状细粒石英砂岩

图 4.5 毛庄组

灰紫色中层状细粒石英砂岩

4.2.2.2 徐庄组

徐庄组以紫红色粉砂岩、灰绿色页岩、灰紫色页岩夹灰色薄—中层鲕粒灰岩、灰色鲕粒白云岩、浅灰色含泥白云岩以及灰紫色粉砂质页岩为主。层内见有浪成沙纹层理、水平层理、交错层理、缝合线构造、波状层理、顺层缝合线（图 4.6 至图 4.14）。

图 4.6　徐庄组

紫红色粉砂岩，小型沙纹层理

图 4.7　徐庄组

灰绿色页岩与泥质白云岩互层

图 4.8　徐庄组

浅灰色薄层状含泥白云岩

图 4.9　徐庄组

灰紫色粉砂质页岩

图 4.10 徐庄组

灰紫色粉砂质页岩与粉砂岩薄互层，发育水平层理—波状层理

图 4.11 徐庄组

灰色鲕粒灰岩，交错层理

图 4.12　徐庄组

灰色鲕粒灰岩，缝合线构造

图 4.13　徐庄组

灰色泥晶灰岩，波状层理

图 4.14　徐庄组

灰色泥晶灰岩，顺层缝合线

4.2.2.3　张夏组

张夏组主要发育灰色泥质灰岩、灰色鲕粒灰岩、灰色薄层泥晶灰岩、紫红色页岩、灰色竹叶状灰岩、黄灰色鲕粒灰岩、灰色钙质灰岩、灰色生物碎屑鲕粒灰岩。层内发育的构造有波状层理、透镜状层理、近滑塌破裂及波状层理（图 4.15 至图 4.23）。

图 4.15 张夏组

灰色薄层泥质灰岩

图 4.16 张夏组

灰色中一厚层状鲕粒灰岩

图 4.17　张夏组

灰色中—薄层泥晶灰岩

图 4.18　张夏组

紫红色页岩，风化成碎片状

图 4.19　张夏组

灰色中层状含砾屑鲕粒灰岩

图 4.20　张夏组

黄灰色中层状鲕粒灰岩

图 4.21　张夏组

灰色页岩夹薄层—透镜状泥晶灰岩

图 4.22　张夏组

灰色中—薄层状含生物碎屑鲕粒灰岩，波状层理

图 4.23　张夏组

灰色中一薄层状鲕粒灰岩，见波状层理

4.2.2.4　崮山组

崮山组岩性主要为灰色竹叶状灰岩、灰色泥质灰岩、灰色砾屑鲕粒灰岩、灰色泥晶灰岩及灰色透镜状石灰岩（图 4.24 至图 4.29）。

图 4.24　崮山组

灰色竹叶状灰岩

图 4.25　崮山组

灰色竹叶状灰岩夹泥质灰岩

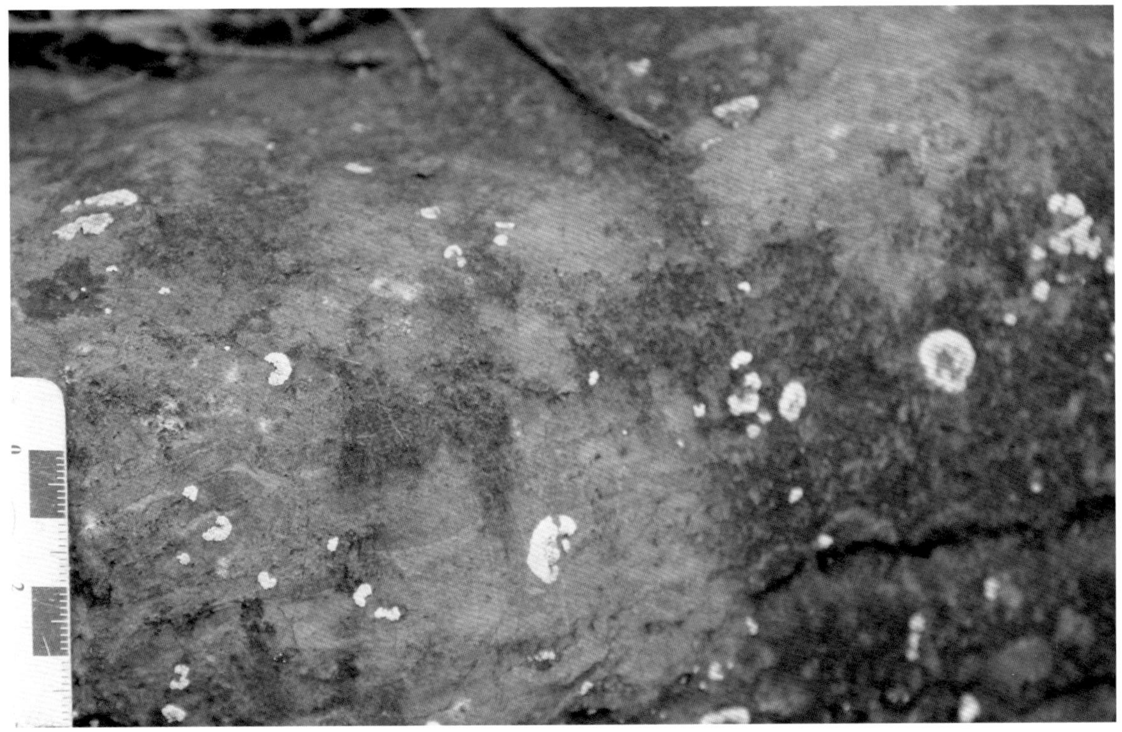

图 4.26　崮山组

灰色砾屑鲕粒灰岩

图 4.27　崮山组

灰色泥晶灰岩

图 4.28　崮山组

灰色泥晶灰岩

图 4.29　崮山组

灰色竹叶状灰岩，砾屑双向倾斜

4.3 沉积相类型及特征

4.3.1 沉积相类型划分

根据陇县牛心山野外实测剖面资料、物探资料解释，以及前人资料的基础上，根据岩石组合、沉积组构、剖面序列、生物组合、沉积机理等特点，将该实测剖面寒武系地层沉积相划分为四种沉积体系，分别为缓坡、滨岸相、台前斜坡及台地边缘相。

4.3.2 沉积相特征

4.3.2.1 缓坡相

陇县牛心山实测剖面缓坡相分为外缓坡相和中缓坡相，外缓坡主要为泥质灰岩、页岩，中缓坡主要发育生物碎屑灰岩、砾屑鲕粒灰岩及竹叶状灰岩等风暴沉积及页岩和泥晶灰岩等原地沉积（图 4.30 和图 4.31）。

图 4.30 徐庄组

交错层理，灰色鲕粒灰岩

图 4.31　徐庄组

波状层理，灰色泥晶灰岩

4.3.2.2　滨岸相

主要发育在中寒武统徐庄组上部，属于边缘相沉积，发育在古陆的边缘地区，为正常浅水高能沉积环境，岩性主要为细砂岩、粉砂质细砂岩、粉砂岩，见临滨、前滨亚相，发育交错层理、水平层理及浪成沙纹层理。

4.3.2.3　台前斜坡相

主要是台地前缘斜坡相，实测剖面中发育于张夏组上部，沉积物为鲕粒灰岩、灰紫色页岩、生屑鲕粒灰岩，主要为风暴异地搬运堆积而成，在顶部可见原地沉积（图 4.32）。

图 4.32　张夏组

紫红色页岩

4.4 储层特征

4.4.1 储集岩类型

储层的储集性能受岩石岩性、物性的直接控制，储层岩石的孔隙形成也受成岩作用的影响。实测剖面层位主要发育石灰岩和页岩，总体上孔隙不发育，但结合前人资料，认为三山子组存在白云岩，可作为潜在储集岩。

4.4.2 储集空间

由于实测层位主要为馒头组、徐庄组和张夏组下部，顶部剖面覆盖，因此，总体储层不发育，对陇县牛心山实测剖面取样薄片进行镜下鉴定发现该剖面岩性致密，孔隙基本不发育，仅在鲕粒灰岩中见及缝合线和微裂缝等，但总体被方解石充填（图 4.33 和图 4.34）。

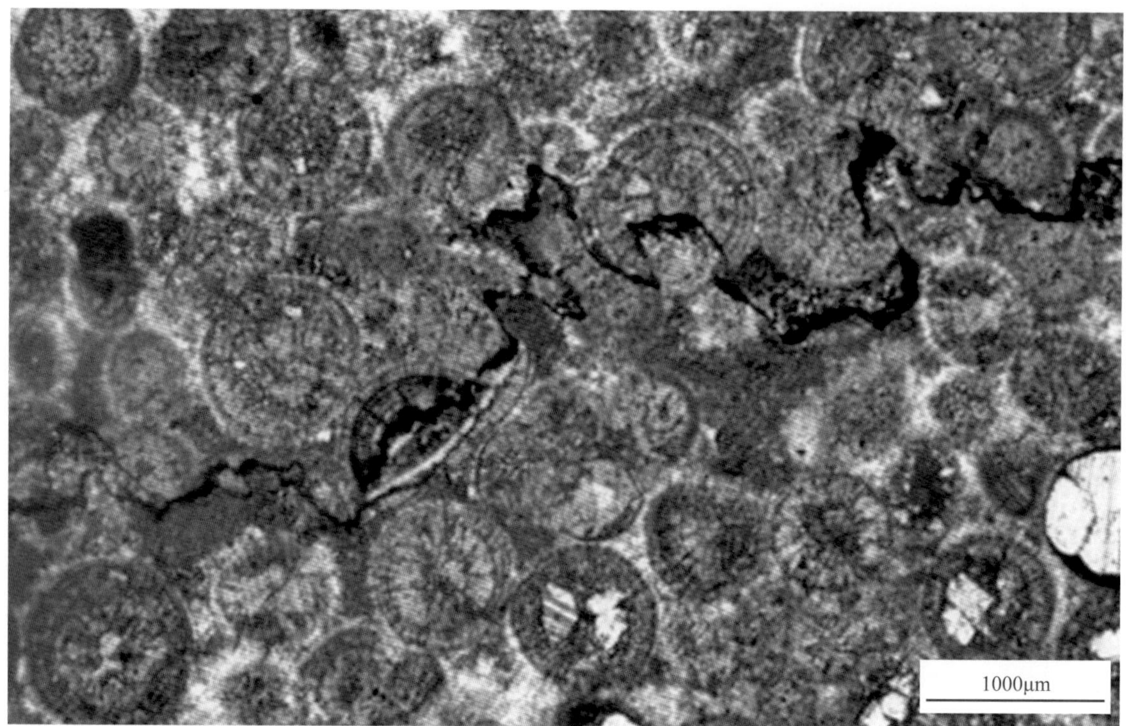

图 4.33 徐庄组

缝合线，鲕粒灰岩，同心—放射鲕为主，单偏光，蓝色铸体

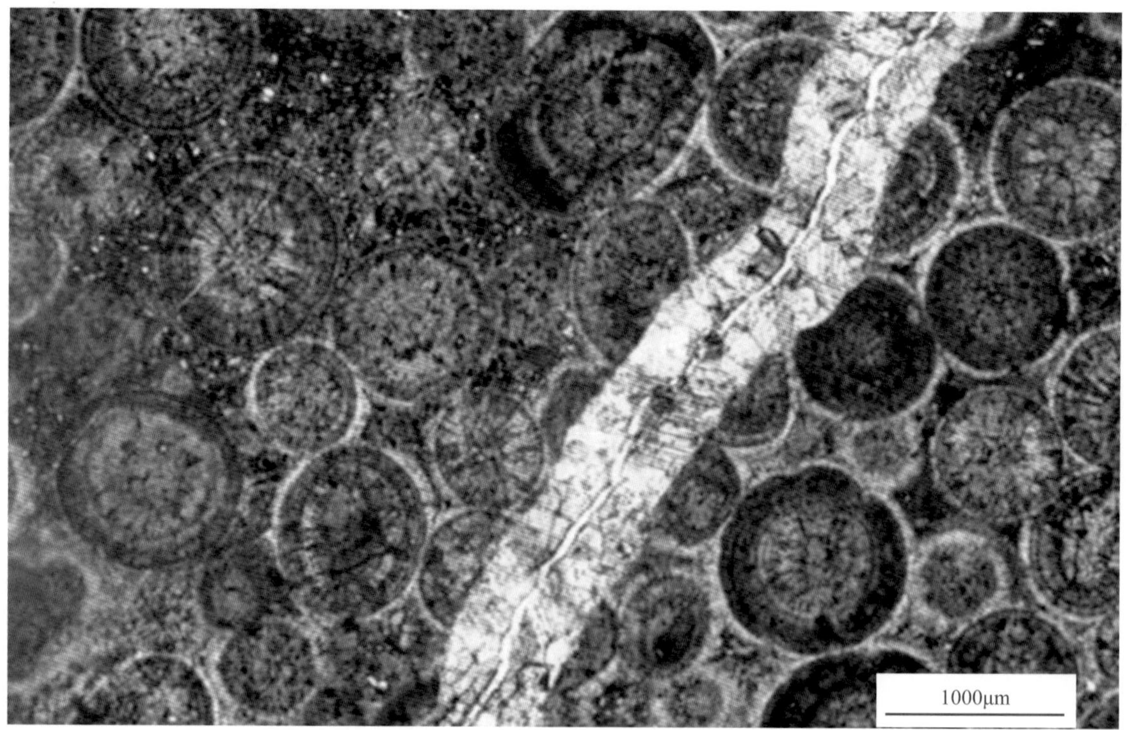

图 4.34 徐庄组

方解石脉，鲕粒灰岩，单偏光，蓝色铸体

5 礼泉上韩寒武系剖面

5.1 剖面概述

礼泉上韩剖面位于陕西省咸阳市礼泉县烟霞镇上韩村（图 5.1）。剖面主要出露张夏组、徐庄组和三山子组。

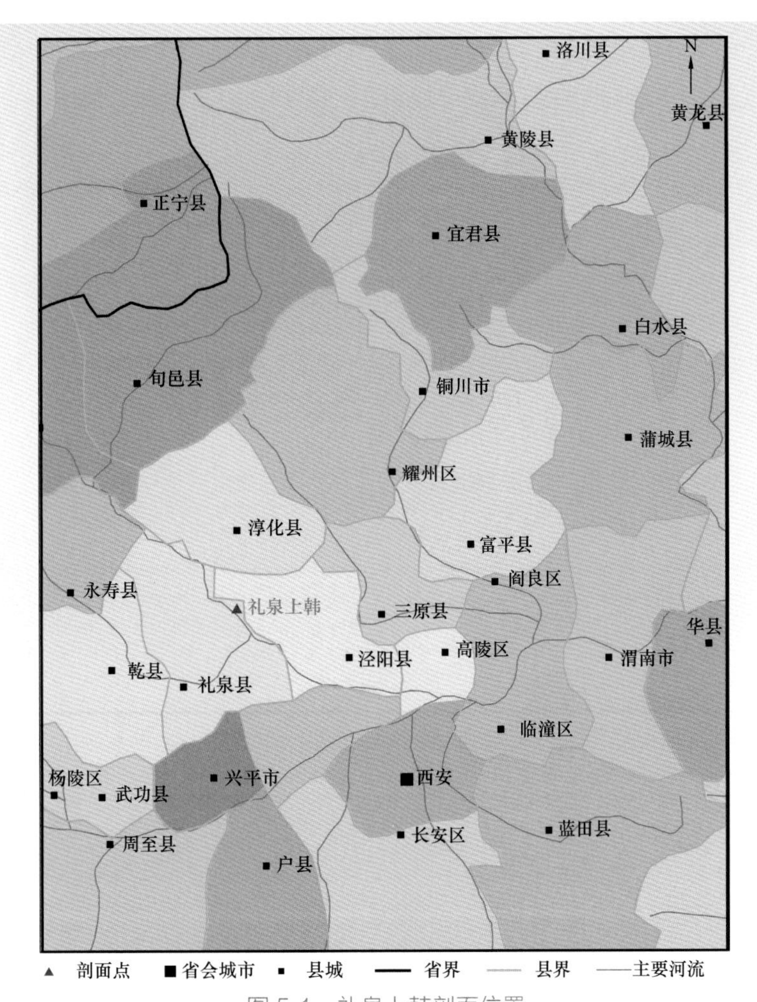

图 5.1 礼泉上韩剖面位置

5.2 地层接触关系及地层岩性

该剖面寒武系主要出露中寒武统张夏组深灰色、浅灰色、灰色细—中晶云岩和徐庄组深灰色泥页岩、灰色细晶灰岩，实测的中寒武统张夏组厚度为244.47m，徐庄组为286.61m。

5.2.1 地层接触关系

该剖面寒武系出露不完整，徐庄组以下未见（图5.2）。上寒武统三山子组与中寒武统张夏组呈整合接触，张夏组和徐庄组呈整合接触（图5.3和图5.4）。

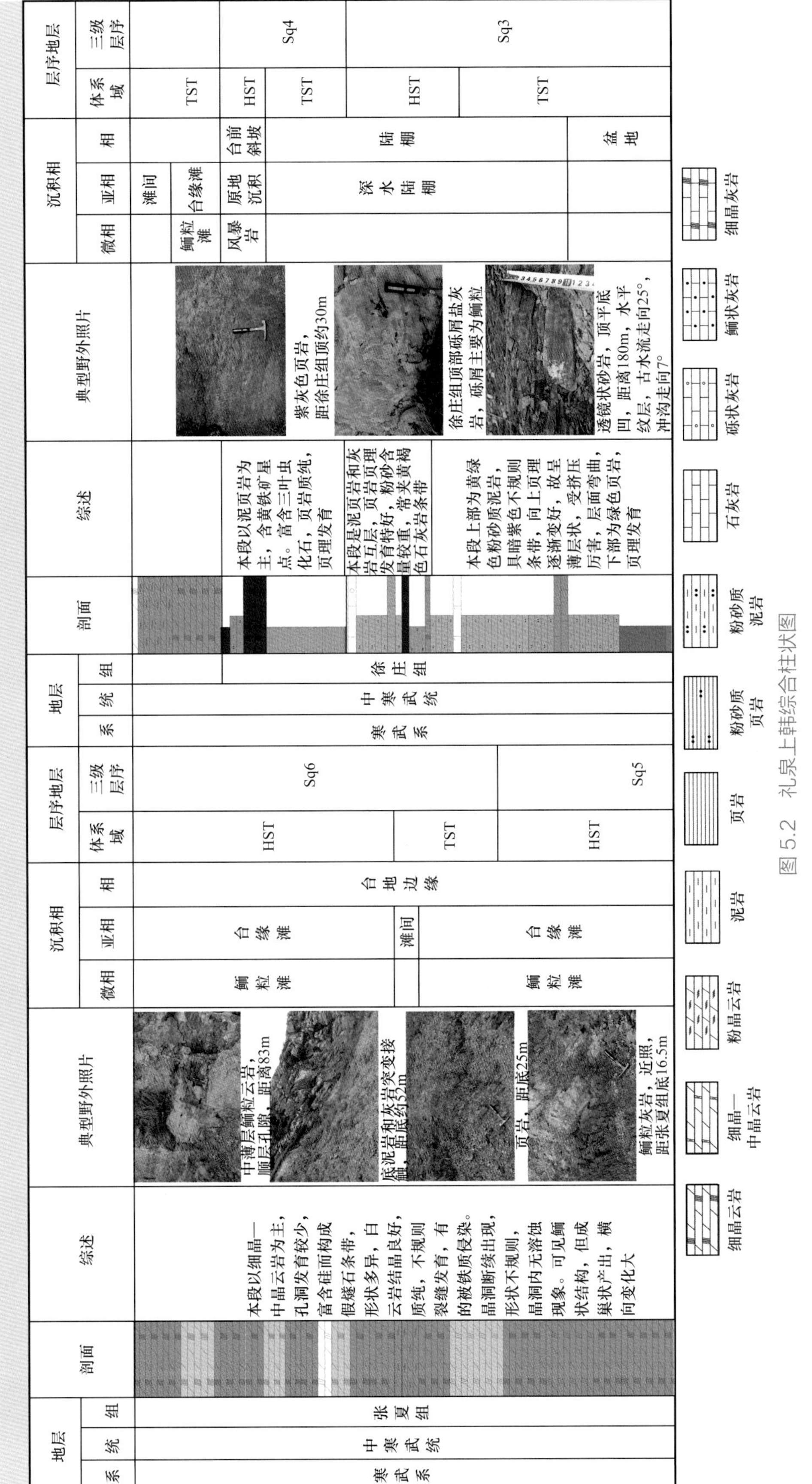

图 5.2　礼泉上韩综合柱状图

图 5.3　三山子组与张夏组呈整合接触，表现为三山子组底部灰色竹叶状白云岩与张夏组顶部灰色细晶云岩接触

图 5.4　徐庄组（顶部为灰绿色页岩）与上覆张夏组（下部为灰色中—厚层状鲕粒云岩）分界

5.2.2 各组岩性特征

5.2.2.1 张夏组

岩性主要为深灰色、浅灰色、灰色细晶—中晶云岩，有的被铁质浸染，可见残余鲕状结构（图 5.5 和图 5.6）。

图 5.5 张夏组

灰色细晶—中晶云岩，微裂缝发育

图 5.6 张夏组

深灰色细晶云岩，可见孤立溶孔及微裂缝

5.2.2.2 徐庄组

徐庄组可分为上、中、下三部分。

下部为黄绿色粉砂质泥岩，具暗紫色不规则条带，向上页理逐渐变好，故呈薄层状。受挤压厉害，层面弯曲，下部为绿色页岩（图 5.7）。

图 5.7 徐庄组

灰绿色页岩

中部以泥页岩和石灰岩互层，页岩页理发育特好，粉砂含量较重，常夹黄褐色石灰岩条带（图 5.8 至图 5.10）。

图 5.8　徐庄组

灰色薄板状泥晶灰岩

图 5.9　徐庄组

含砾屑鲕粒灰岩

图 5.10 徐庄组

深灰色页岩

上部以深灰色泥页岩、灰色细晶灰岩为主，含黄铁矿星点。富含三叶虫化石，页岩质纯，页理发育，含生物钻孔（图 5.11 至图 5.14）。

图 5.11　徐庄组

深灰色页岩

图 5.12　徐庄组

灰色粉—细晶灰岩

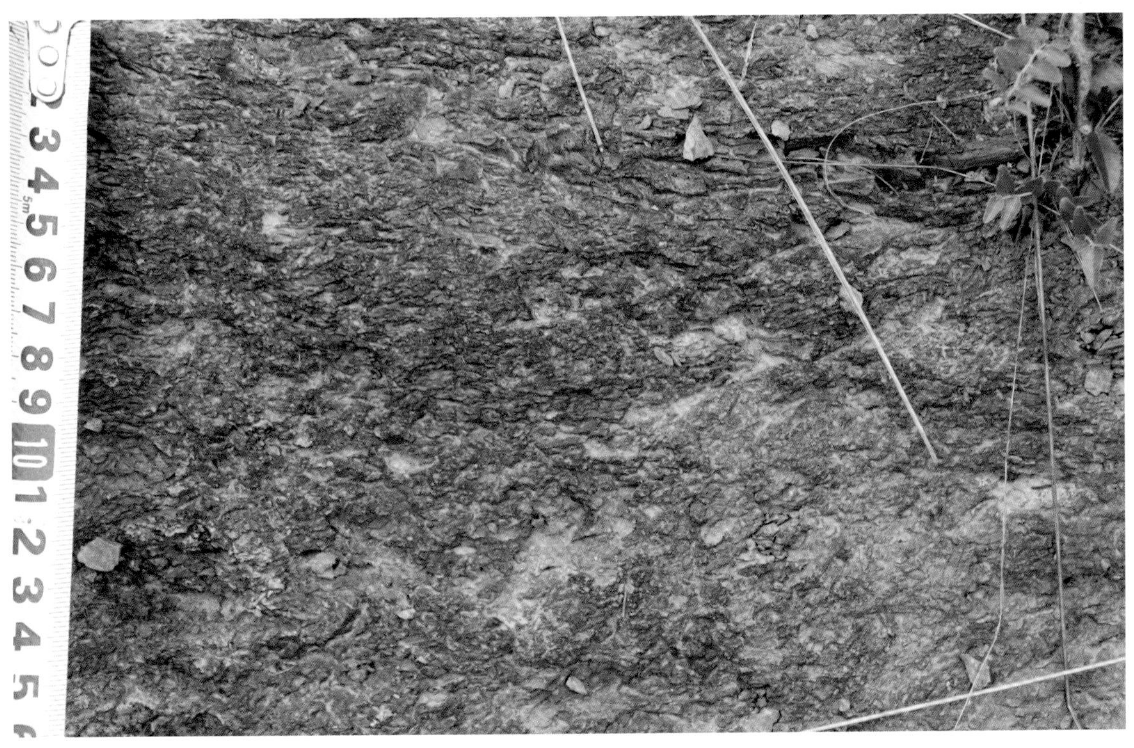

图 5.13　徐庄组

深灰色泥页岩

图 5.14　徐庄组

生物钻孔，鲕粒灰岩

5.3 沉积相类型及特征

5.3.1 沉积相类型划分

在野外实测剖面、钻井岩心观察、物探资料（测井、地震等）解释的基础上，根据岩石组合、沉积组构、剖面序列、生物组合、沉积机理等特点，将上韩村剖面识别为碳酸盐台地边缘、碳酸盐台前斜坡、盆地、陆棚四个沉积体系。

5.3.1.1 碳酸盐台地边缘相

主要是台地边缘浅滩，生物碎屑、鲕粒、内碎屑灰（云）岩为主，出现潮汐层理、块状层、向上凸起的层理。在上韩村剖面徐庄组中下部可识别为台缘滩和滩间（图 5.15 和图 5.16）。

图 5.15 张夏组

灰绿色页岩内的灰色中层状鲕粒灰岩夹层

图 5.16 张夏组

鲕粒云岩

5.3.1.2 碳酸盐台前斜坡相

主要是碳酸盐台地前缘斜坡相，泥晶灰（云）岩、粘结岩、塌积岩、生物碎屑灰岩、角砾灰岩为主，可见滑动构造、角砾状构造等，在上韩村剖面主要分布于徐庄组顶部（图 5.17）。

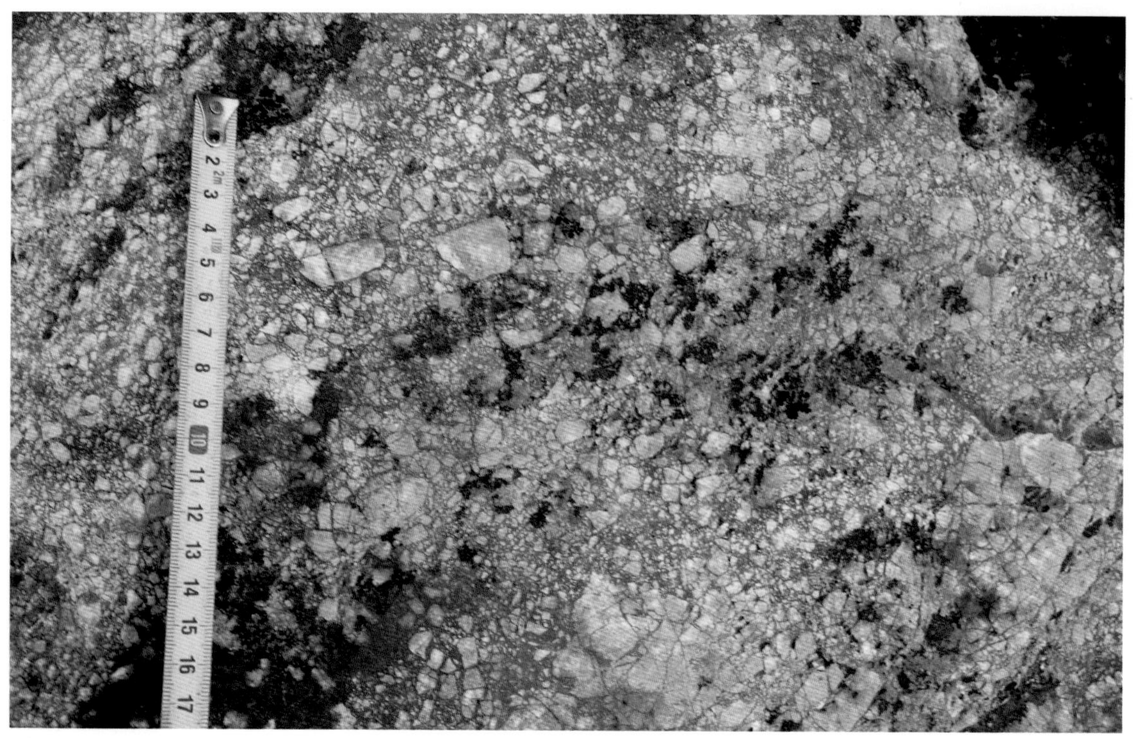

图 5.17　徐庄组

滑塌角砾状白云岩

5.3.1.3　盆地及陆棚

主要是深水陆棚和盆地，以泥页岩为主，夹少量石灰岩。在上韩村剖面徐庄组中部为深水陆棚，下部为盆地。

5.4 储层特征

5.4.1 储集岩类型

在上韩村剖面中，主要的储层岩石类型主要以张夏组白云岩为主，可分为颗粒白云岩和细晶—中晶云岩（图 5.18 和图 5.19）。

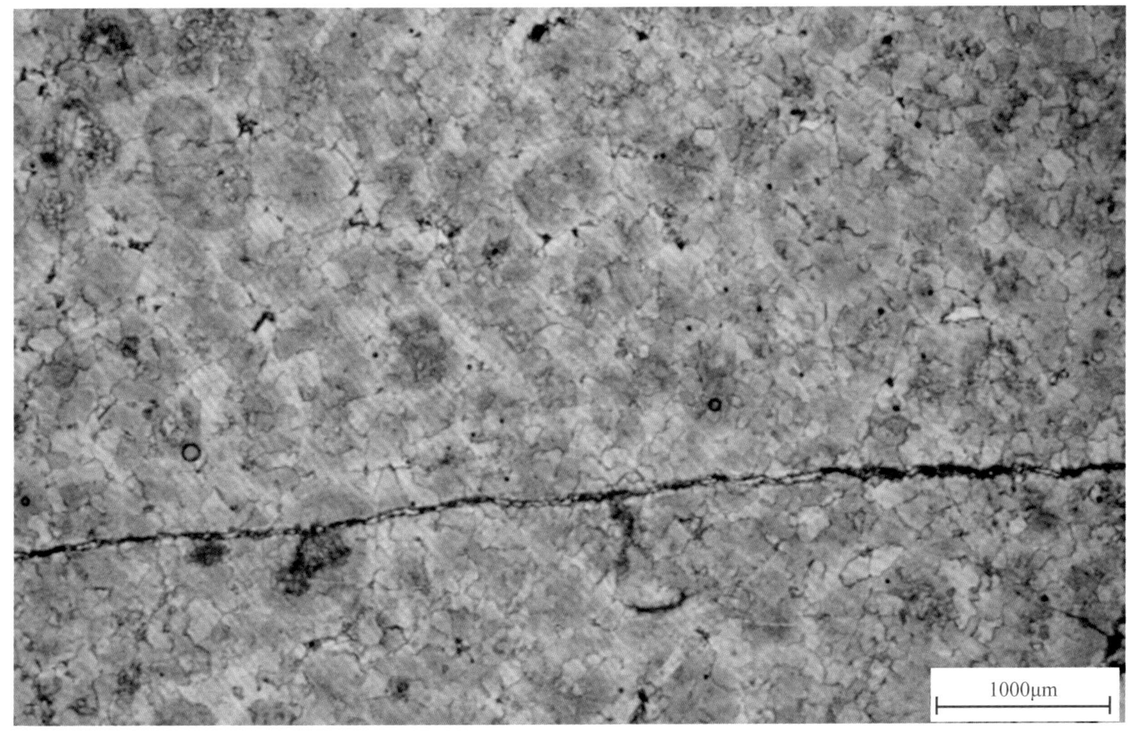

图 5.18 张夏组

鲕粒白云岩，可见晶间孔和微裂缝，单偏光，蓝色铸体

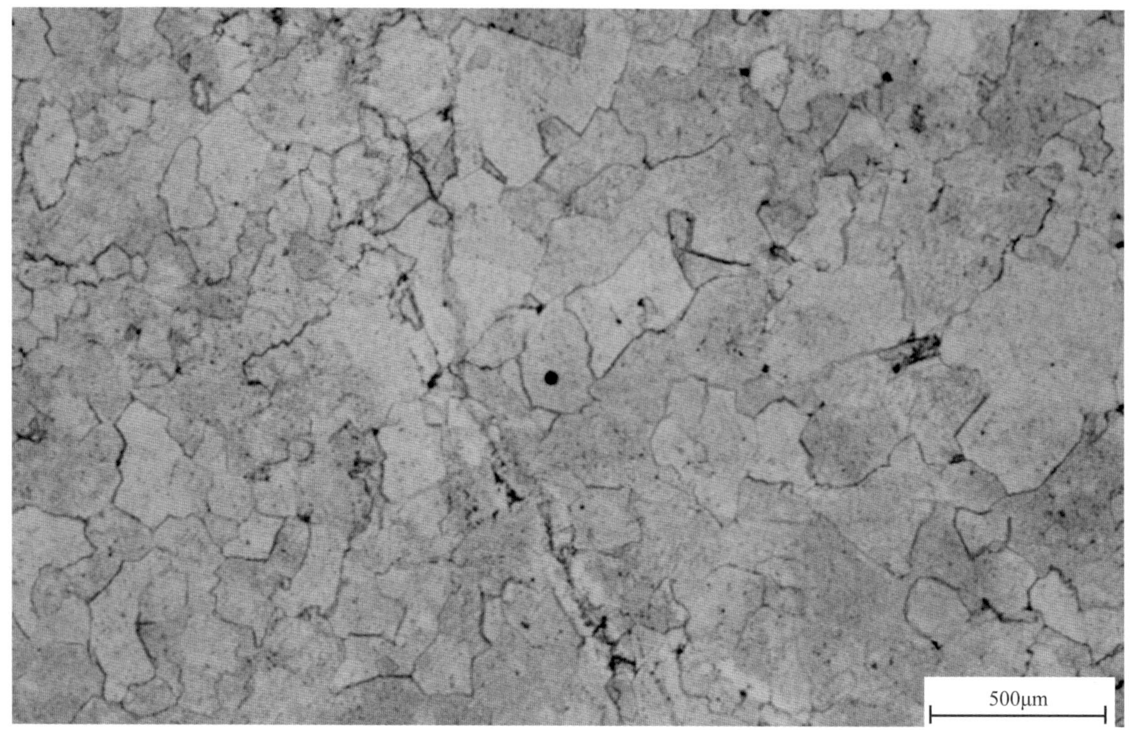

图 5.19　张夏组

细晶—中晶云岩，微裂缝，单偏光，蓝色铸体

5.4.2　储集空间

储集空间类型主要包括晶间溶孔、溶洞、微裂缝。晶间溶孔是主要的储集空间，发育在晶粒与晶粒之间的孔隙，属于次生孔隙。通过显微镜下薄片观察，在上韩村剖面发育较好的细晶—中晶云岩中，发现了大量的晶间溶孔发育（图 5.20 至图 5.27）。

图 5.20　张夏组

晶间溶孔和晶间孔，少量晶内溶孔，中晶云岩，单偏光，蓝色铸体

图 5.21　张夏组

晶间溶孔，中晶云岩，单偏光，蓝色铸体

图 5.22　张夏组

顺层溶蚀孔洞，细晶白云岩，发育顺层溶蚀孔洞

图 5.23　张夏组

网状溶蚀孔洞，白云石部分—完全充填

图 5.24　张夏组

微裂缝，角砾化，方解石部分充填

图 5.25　张夏组

密集微裂缝

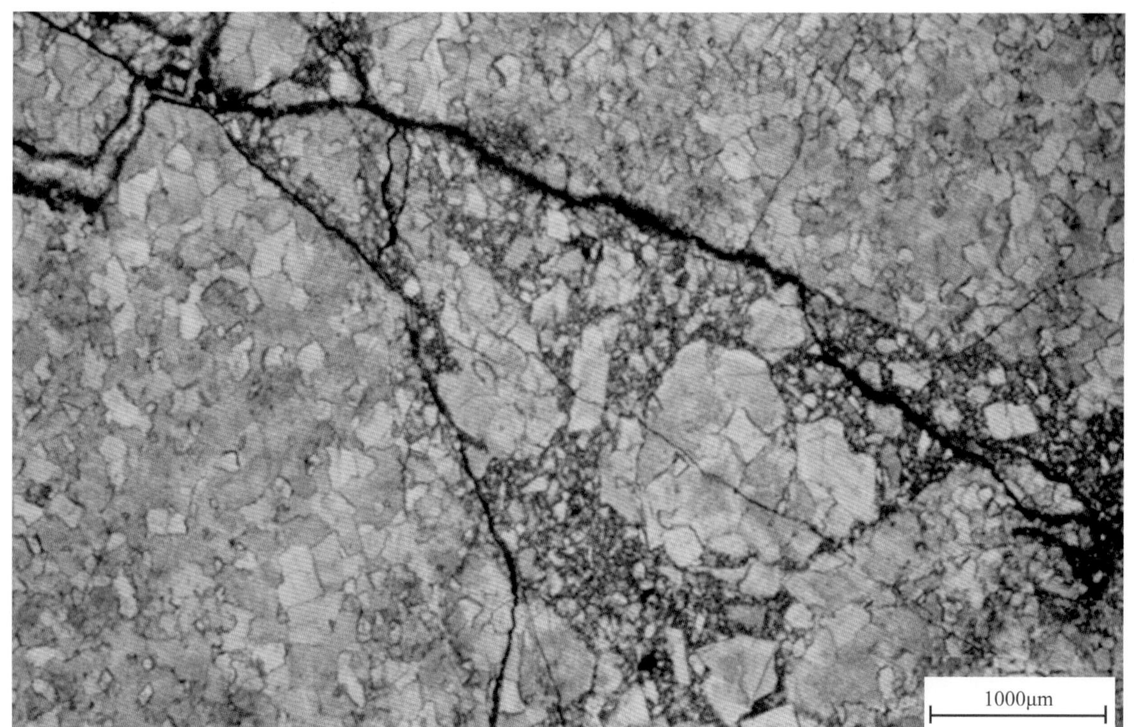

图 5.26　张夏组

多条微裂缝，单偏光，蓝色铸体

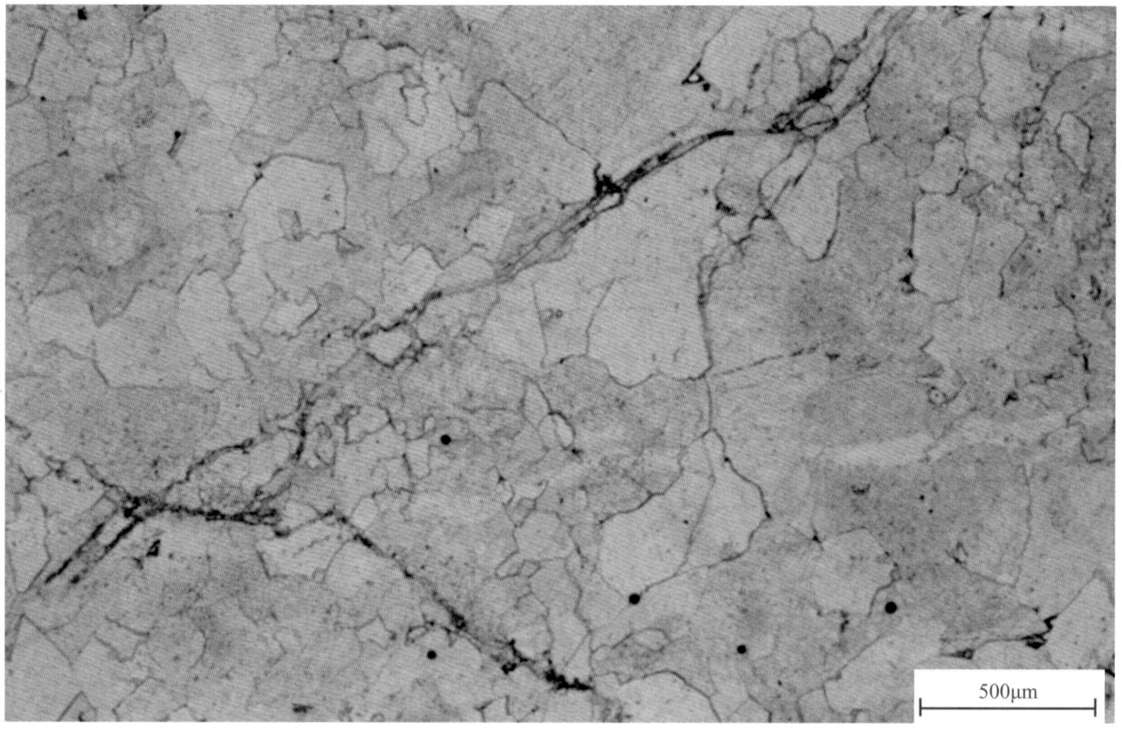

图 5.27　张夏组

溶蚀缝，单偏光，蓝色铸体

6 河津西硙口寒武系剖面

6.1 剖面概述

山西河津西硙口剖面位于山西省河津市樊村镇西硙口村，露头发育良好，出露寒武系霍山组、馒头组、毛庄组、徐庄组、张夏组、三山子组（图 6.1 和图 6.2）。

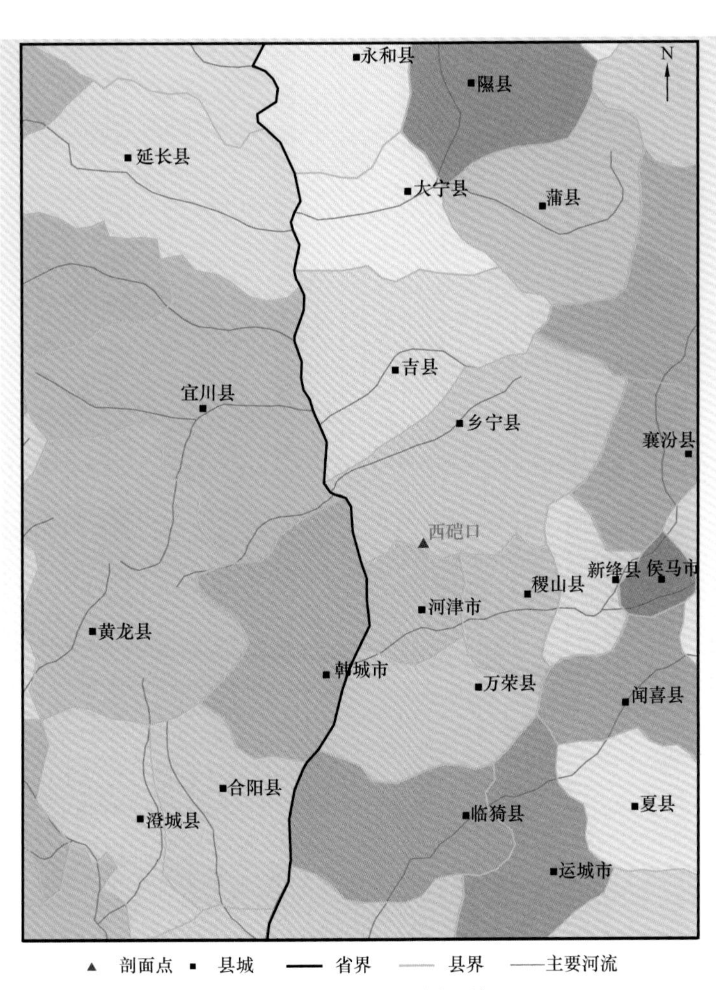

图 6.1　河津西硙口剖面位置

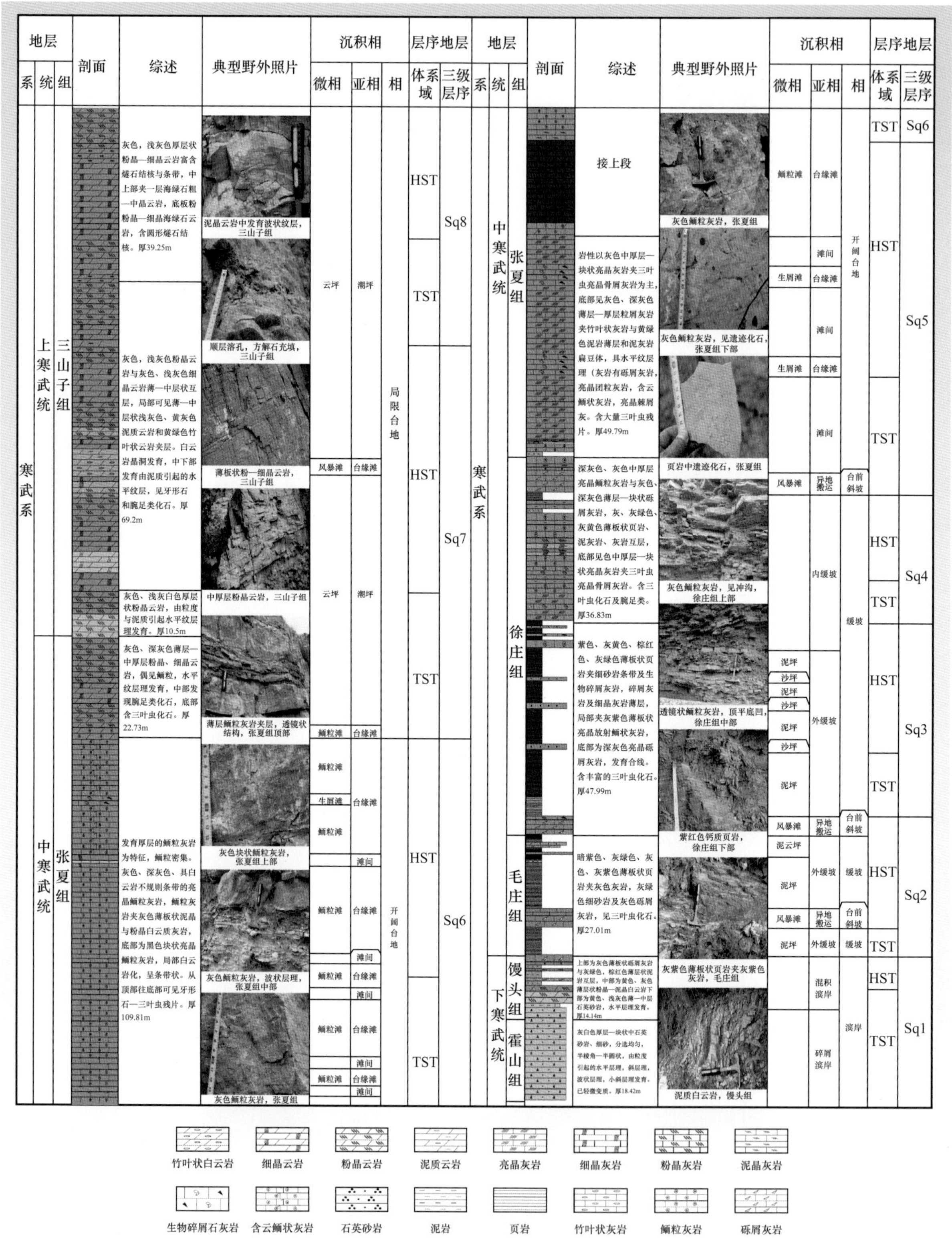

系	统	组	剖面	综述	典型野外照片	微相	亚相	相	体系域	三级层序
寒武系	上寒武统	三山子组		灰色，浅灰色厚层状粉晶—细晶云岩富含燧石结核与条带，中上部夹一层海绿石粗—中晶云岩，底板粉粉晶—细晶海绿石云岩，含圆形燧石结核。厚39.25m	泥晶云岩中发育波状纹层，三山子组	云坪	潮坪	局限台地	HST	Sq8
				灰色，浅灰色粉晶云岩与灰色、浅灰色细晶云岩薄—中层状互层，局部可见薄—中层状浅灰色、黄灰色泥质云岩和黄绿色竹叶状云岩夹层。白云岩晶洞发育，中下部发育由泥质引起的水平纹层，见牙形石和腕足类化石。厚69.2m	顺层溶孔，方解石充填，三山子组；薄板状粉—细晶云岩，三山子组	云坪；风暴滩	潮坪；台缘滩		TST；HST	Sq8；Sq7
				灰色、浅灰白色厚层状粉晶云岩，由粒度与泥质引起水平纹层理发育。厚10.5m	中厚层粉晶云岩，三山子组	云坪	潮坪			
	中寒武统	张夏组		灰色、深灰色薄层—中厚层粉晶、细晶云岩，偶见鲕粒，水平纹层理发育，中部发现腕足类化石，底部含三叶虫化石。厚22.73m	薄层鲕粒灰岩夹层，透镜状结构，张夏组顶部	鲕粒滩	台缘滩		TST	
				发育厚层的鲕粒灰岩为特征，鲕粒密集。灰色、深灰色、具白云岩不规则条带的亮晶鲕粒灰岩，鲕粒灰岩夹灰色薄板状泥晶与粉晶白云质灰岩，底部为黑色块状亮晶鲕粒灰岩，局部白云岩化，呈条带状。从顶部往底部可见牙形石—三叶虫残片。厚109.81m	灰色块状鲕粒灰岩，张夏组上部；灰色鲕粒灰岩，波状层理，张夏组中部；灰色鲕粒灰岩，张夏组	鲕粒滩；生屑滩；鲕粒滩；鲕粒滩；鲕粒滩；鲕粒滩；鲕粒滩	台缘滩；滩间；台缘滩；滩间；台缘滩；滩间；台缘滩；滩间；台缘滩；滩间	开阔台地	HST；TST	Sq6

系	统	组	剖面	综述	典型野外照片	微相	亚相	相	体系域	三级层序
寒武系	中寒武统	张夏组		接上段	灰色鲕粒灰岩，张夏组	鲕粒滩	台缘滩	开阔台地	TST；HST	Sq6；Sq5
				岩性以灰色中厚层—块状亮晶灰岩夹三叶虫亮晶骨屑灰岩为主，底部见灰色、深灰色薄层—厚层粒屑灰岩夹竹叶状灰岩与黄绿色泥岩薄层和泥灰岩扁豆体，具水平纹层理（灰岩有砾屑灰岩，亮晶团粒灰岩，含云鲕状灰岩，亮晶棘屑灰。含大量三叶虫残片。厚49.79m	灰色鲕粒灰岩，见遗迹化石，张夏组下部；页岩中遗迹化石，张夏组	生屑滩；生屑滩；风暴滩	滩间；台缘滩；滩间；台缘滩；滩间；异地搬运	台前斜坡	TST	Sq5
		徐庄组		深灰色、灰色中厚层亮晶鲕粒灰岩与灰色、深灰色薄层—块状砾屑灰岩，灰、灰绿色、灰黄色薄板状页岩、泥灰岩、灰岩互层，底部见色中厚层—块状亮晶灰岩夹三叶虫亮晶骨屑灰岩。含三叶虫化石及腕足类。厚36.83m	灰色鲕粒灰岩，见冲沟，徐庄组上部		内缓坡	缓坡	HST；TST	Sq4
				紫色、灰黄色、棕红色、灰绿色薄板状页岩夹细砂岩条带及生物碎屑灰岩，碎屑灰岩及细晶灰岩薄层，局部夹灰紫色薄板状亮晶放射鲕状灰岩，底部为深灰色亮晶砾屑灰岩，发育合线。含丰富的三叶虫化石。厚47.99m	透镜状鲕粒灰岩，顶平底凹，徐庄组中部；紫红色钙质页岩，徐庄组下部	泥坪；沙坪；泥坪；沙坪；泥坪；沙坪；泥坪；风暴滩	外缓坡；异地搬运	台前斜坡	HST；TST	Sq3
		毛庄组		暗紫色、灰绿色、灰色、灰紫色薄板状页岩夹灰色灰岩，灰绿色细砂岩及灰色砾屑灰岩，见三叶虫化石。厚27.01m	灰紫色薄板状页岩夹灰紫色灰岩，毛庄组	泥云坪；泥坪；风暴滩；泥坪	外缓坡；异地搬运；外缓坡	缓坡；台前斜坡；缓坡	HST；TST	Sq2
	下寒武统	馒头组		上部为灰色薄板状砾屑灰岩与灰绿色，棕红色薄层状泥岩互层，中部为黄色、灰色薄层状粉晶—泥晶白云岩下部为黄色、浅灰色薄—中层石英砂岩，水平层理发育。厚14.14m			混积滨岸	滨岸	HST	Sq1
		霍山组		灰白色厚层—块状中石英砂岩、细砂，分选均匀，半棱角—半圆状，由粒度引起的水平层理，斜层理，波状层理，小斜层理发育。已轻微变质。厚18.42m	泥质白云岩，馒头组		碎屑滨岸		TST	

竹叶状白云岩　细晶云岩　粉晶云岩　泥质云岩　亮晶灰岩　细晶灰岩　粉晶灰岩　泥晶灰岩

生物碎屑石灰岩　含云鲕状灰岩　石英砂岩　泥岩　页岩　竹叶状灰岩　鲕粒灰岩　砾屑灰岩

图 6.2　河津西硙口综合柱状图

6.2 地层接触关系及地层岩性

6.2.1 地层接触关系

本条剖面寒武系完整，露头发育良好。该剖面出露下寒武统霍山组、馒头组，中寒武统毛庄组、徐庄组、张夏组，上寒武统三山子组。霍山组与下伏地层呈不整合接触，寒武系内部地层均呈整合接触。三山子组与上覆地层下奥陶统冶里组呈不整合接触，见铁质风化壳（图 6.3 至图 6.10）。

图 6.3　霍山组顶部厚层状石英砂岩与馒头组底部薄层状石英砂岩呈平行不整合接触

图 6.4　馒头组顶部中薄层状鲕粒灰岩与毛庄组底部薄层状钙质页岩呈整合接触

图 6.5　毛庄组顶部与徐庄组底部薄层状砾屑鲕粒灰岩整合接触

图 6.6　徐庄组顶部厚层状亮晶鲕粒灰岩与张夏组底部薄层状泥灰岩呈整合接触

图 6.7　张夏组顶部中薄层鲕粒灰岩与三山子组底部薄层状粉晶白云岩呈整合接触

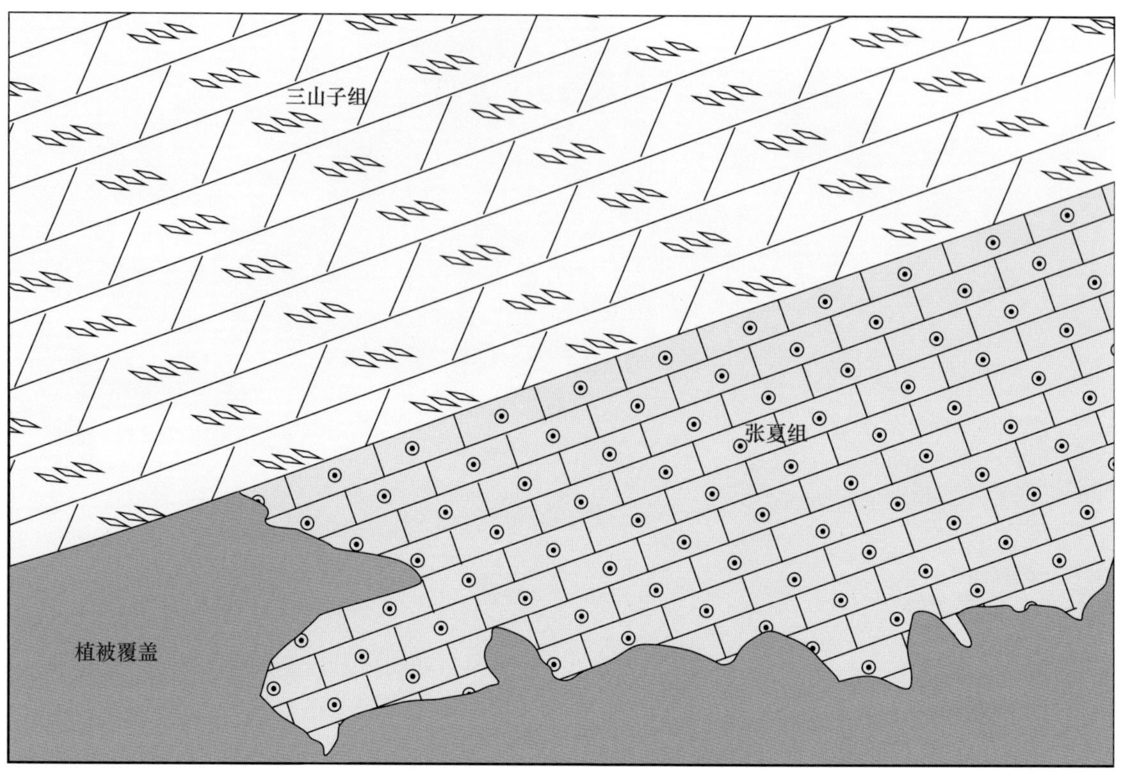

图 6.8 张夏组顶部中薄层鲕粒灰岩与三山子组底部薄层状粉晶云岩呈整合接触

图 6.9 三山子组顶部厚层状粉晶云岩与下奥陶统冶里组底部薄层状页岩呈平行不整合接触

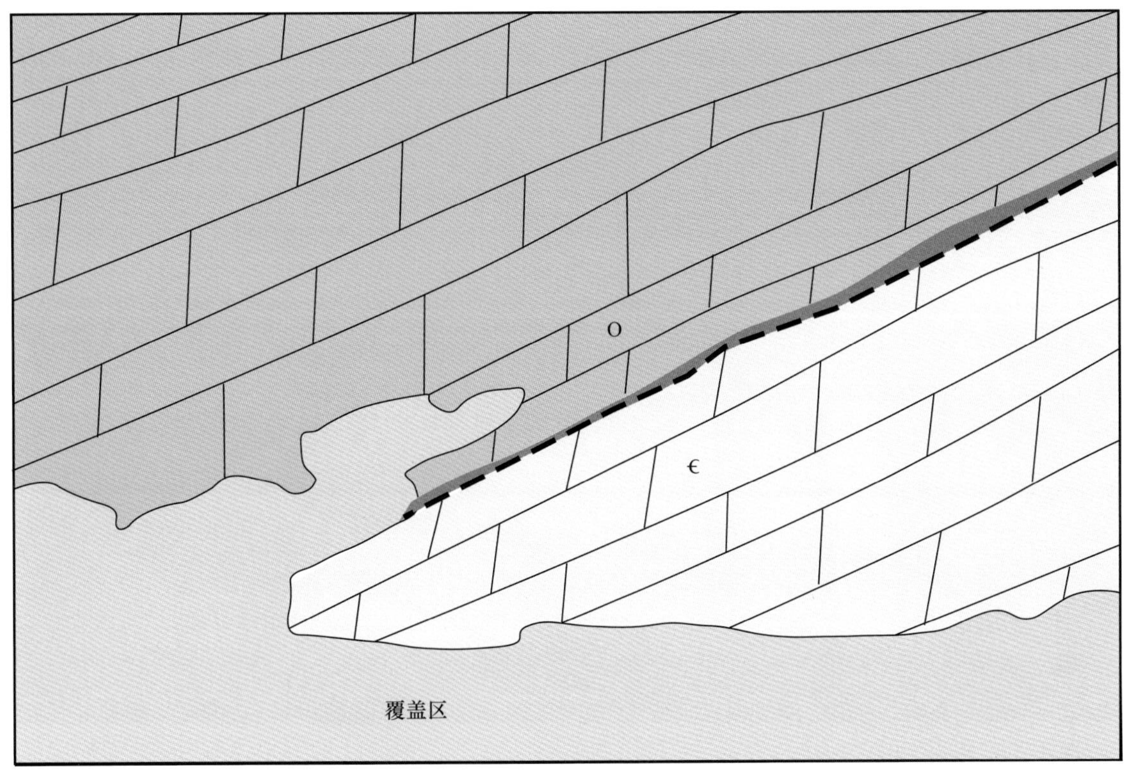

图 6.10　三山子组顶部厚层状粉晶云岩与下奥陶统冶里组底部薄层状页岩呈平行不整合接触

6.2.2　各组岩性特征

6.2.2.1　霍山组

岩性主要为灰白色石英砂岩，分选均匀，半棱角状—半圆状，发育由粒度引起的沉积构造：平行层理、斜层理、波状层理、小斜层理发育，已轻微变质。

图 6.11　霍山组

灰白色厚层块状石英砂岩，针状溶孔和微裂缝发育

图 6.12　霍山组

发育斜层理与平行层理的石英砂岩

6.2.2.2 馒头组

岩性主要为黄色、浅灰色石英砂岩，浅灰色、黄色粉晶云岩，灰绿色泥岩及灰色砾屑灰岩。中—下段发育黄色、浅灰色薄—中层状石英砂岩，黄色、灰色、浅灰色粉晶—泥晶白云岩夹黄绿色薄板状石灰岩与红棕色泥岩，见肉红色与红棕色薄板状含细晶灰岩。由粒度引起的水平层理发育，见波状层理及三叶虫化石（图 6.13 和图 6.14）。

图 6.13 馒头组

灰色薄层状粉晶云岩

图 6.14 馒头组

红棕色薄板状含细晶灰岩

上段发育灰绿色、棕红色薄层状泥岩夹灰色薄板状泥晶灰岩和砾屑灰岩，由颜色和粒度引起的水平层理发育。顶部为灰色薄板状含粗砾屑灰岩、鲕粒灰岩、泥晶灰岩等。发育水平层理，见波痕和干裂（图 6.15 和图 6.16）。

图 6.15　馒头组

灰色鲕粒灰岩

图 6.16　馒头组

波状层理

6.2.2.3　毛庄组

岩性主要为暗紫色、灰绿色、灰色、灰紫色薄板状页岩夹灰色石灰岩，灰绿色细砂岩及灰色砾屑灰岩。

下部发育灰紫色薄板状页岩夹灰紫色薄层状石灰岩，石灰岩多为砾屑灰岩，顶部发现三叶虫化石（图 6.17 和图 6.18）。

图 6.17　毛庄组下部

泥质灰岩

图 6.18　毛庄组下部

砾屑灰岩

中部发育黄绿色、绿色、灰绿色、巧克力色薄板状泥岩（页岩）与灰色薄板状—中厚状砾屑灰岩互层，波纹发育，由粒度和白云母片形成的，含三叶虫化石（图 6.19）。

图6.19　毛庄组中部

波状层理

上部发育暗紫色和灰绿色、灰色薄板状页岩，夹灰色石灰岩（厚1～5cm）与灰色、灰绿色细砂岩、粉砂岩（厚1～3cm）。发育水平层理和小型斜层理（图6.20）。

图 6.20　毛庄组上部

毛庄组顶部波痕

6.2.2.4　徐庄组

该岩性主要为紫红色页岩夹细砂岩和石灰岩、深灰色亮晶鲕粒灰岩、砾屑灰岩、灰绿色和灰黄色页岩等。下部发育紫色、灰黄色、棕红色、灰绿色薄板状页岩夹细砂岩条带及生物碎屑灰岩、碎屑灰岩及细晶灰岩薄层，局部夹灰紫色薄板状亮晶放射鲕状灰岩，底部为深灰色亮晶砾屑灰岩，发育缝合线，含丰富的三叶虫化石（图 6.21 和图 6.22）。

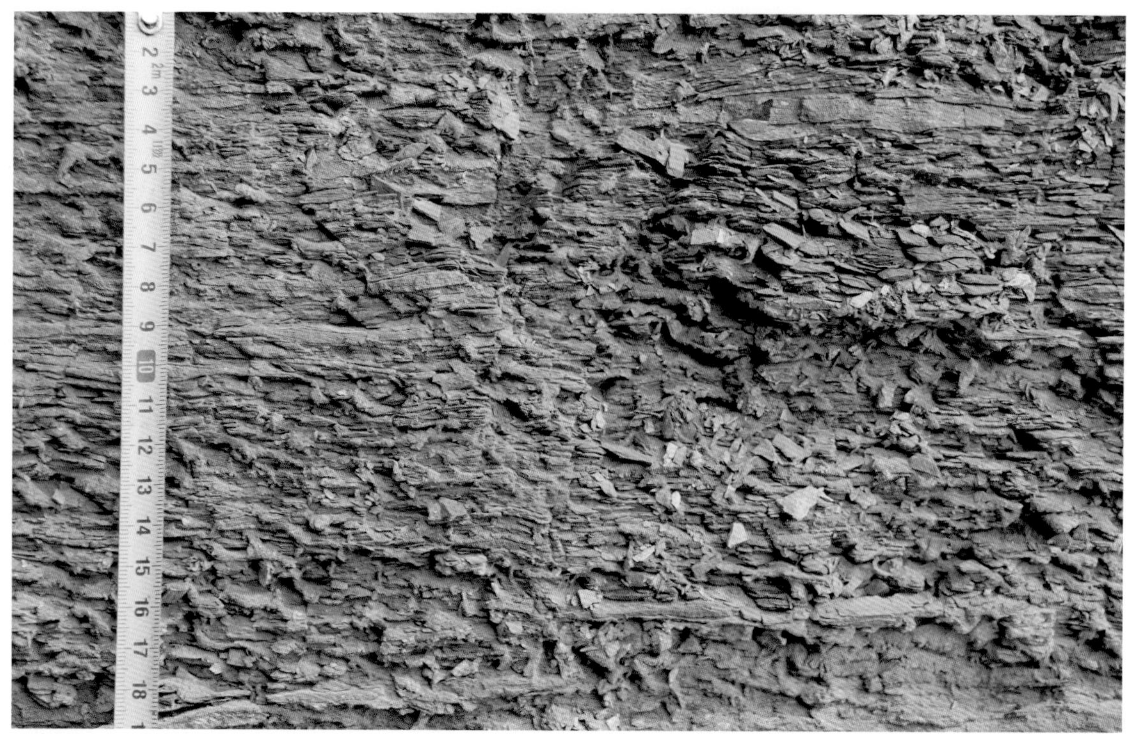

图 6.21　徐庄组下部

紫红色页岩

图 6.22　徐庄组下部

遗迹化石

上部发育深灰色、灰色中厚层亮晶鲕粒灰岩与灰色、深灰色薄层—块状砾屑灰岩，灰色、灰绿色、灰黄色薄板状页岩、泥灰岩、石灰岩互层，底部见色中厚层—块状粉晶灰岩夹三叶虫灰岩。含三叶虫化石及腕足类（图 6.23 和图 6.24）。

图 6.23　徐庄组上部

鲕粒灰岩夹层

图 6.24　徐庄组上部

遗迹化石

6.2.2.5　张夏组

岩性以厚层的鲕粒灰岩发育为典型特征，鲕粒密集，发育灰色亮晶灰岩、生物碎屑灰岩、竹叶状灰岩等，见灰色薄—中厚层白云岩。

下部发育厚层的鲕粒灰岩为特征，鲕粒密集（图 6.25 和图 6.26）。灰色、深灰色、具白云岩不规则条带的亮晶鲕粒灰岩，鲕粒灰岩夹灰色薄板状泥晶与粉晶云质灰岩，底部为黑色块状亮晶鲕粒灰岩，局部白云岩化，呈条带状。从顶部往底部可见牙形石—三叶虫残片。

图 6.25　张夏组

鲕粒灰岩（一）

图 6.26　张夏组

鲕粒灰岩（二）

上部发育灰色、深灰色薄—中厚层粉晶、细晶云岩，偶见鲕粒，水平纹层理发育，中部发现腕足类化石，底部含三叶虫化石（图 6.27 和图 6.28）。

图 6.27　张夏组

薄层状鲕粒灰岩夹层，透镜状结构

图 6.28　张夏组
遗迹化石

6.2.2.6　三山子组

岩性以灰色、浅灰白色厚层块状粉晶云岩为主，水平纹层理发育。

下部发育灰色、浅灰色粉晶云岩和灰色、浅灰色细晶云岩薄—中层状互层，局部可见薄—中层状浅灰色、黄灰色泥质云岩和竹叶状白云岩夹层，偶见含鲕粒云岩。白云岩晶洞发育，中—下部发育由泥质引起的水平纹层，见牙形石和腕足类化石。上部发育灰色、浅灰色厚层状粉晶—细晶云岩，富含燧石结核与条带，中—上部夹一层海绿石粗晶—中晶云岩，泥晶云岩中发育波状纹层，底部为粉晶—细晶海绿石白云岩，含圆形燧石结核（图 6.29 至图 6.31）。

图 6.29　三山子组下部

薄板状粉晶—细晶云岩

图 6.30　三山子组下部

生物钻孔

图 6.31　三山子组上部
泥晶云岩中的波状纹层

6.3 沉积相类型及特征

6.3.1 沉积相类型划分

依据岩石类型和沉积相标志分析，根据野外露头剖面，结合寒武系岩相古地理特征、沉积相标志的研究，对该条剖面寒武纪地层的沉积相带进行划分。识别出了碳酸盐岩台地相、碳酸盐岩缓坡相、碳酸盐岩台前斜坡相、滨岸相四个沉积相带，潮坪、台地边缘滩、滩间、外缓坡、内缓坡五个亚相，台缘鲕粒滩、台缘生物碎屑滩、泥坪、沙坪、泥云坪、白云坪六个微相。

6.3.2 沉积相特征

6.3.2.1 碳酸盐岩台地相

其分为开阔台地和局限台地，开阔台地在张夏组发育，整体发育高能的鲕粒滩沉积。主要岩石类型为鲕粒灰岩、生物碎屑灰岩、竹叶状灰岩、泥晶灰岩等，但总体以发育颗粒灰岩为特征，生物化石丰富。局限台地主要在三山子组发育，发育潮坪亚相和台地边缘滩亚相，进一步分为云坪、风暴滩、鲕粒滩等微相。岩性主要由细晶云岩、粉晶云岩、泥质云岩、泥岩等，出现由泥质引起的水平层理（图 6.32 至图 6.34）。

图 6.32 张夏组

灰色鲕粒灰岩，上部为竹叶状灰岩

图 6.33　张夏组

竹叶状灰岩序列结构

图 6.34　张夏组

粉晶云岩，水平纹层发育

6.3.2.2　碳酸盐岩缓坡相

其又分为内缓坡和外缓坡亚相，岩性以泥页岩、泥灰岩、泥云岩为主（图 6.35 和图 6.36）。其微相可进一步划分为泥坪、沙坪、泥云坪、云坪。

图 6.35　徐庄组

紫红色页岩

图 6.36　徐庄组

粉砂质页岩，水平层理发育

6.3.2.3　碳酸盐岩台前斜坡相

台地前缘斜坡的沉积物主要为各种重力流碳酸盐岩沉积，主要岩性为砾屑灰岩、砂屑灰岩、生物碎屑灰岩、泥质条带灰岩及页岩等，原地沉积的细粒沉积物颜色一般为深灰色—黑灰色薄层状，可见水平遗迹化石，化石以生物碎片为主（图 6.37 和图 6.38）。

图 6.37　徐庄组底部

灰色砾屑灰岩

图 6.38　徐庄组

粉砂岩层面上的遗迹化石

6.3.2.4 滨岸相

在该条剖面上，滨岸相发育于下寒武统霍山组和馒头组，进一步划分为混积滨岸亚相和碎屑滨岸亚相。岩性主要由石英砂岩、细砂岩、粉砂岩、泥岩、泥粉晶云岩组成，发育平行层理与斜层理（图 6.39 和图 6.40）。滨岸相随时间推移陆源碎屑岩逐渐减少，碳酸盐岩含量逐渐增多，沉积物粒度逐渐减小，且呈现出下粗上细退积型的沉积序列。

图 6.39　霍山组

灰白色石英砂岩

图 6.40　霍山组

石英砂岩，发育槽状交错层理与平行层理

6.4　储层特征

6.4.1　储集岩类型

本次研究通过对本条剖面野外露头的观察，结合对沉积相与储层岩石学特征的分析表明，寒武系在本条剖面上主要的储集岩发育在张夏组、徐庄组、三山子组，其储集岩类型以白云岩为主，细分为颗粒白云岩、鲕粒白云岩、粉晶—细晶云岩和泥质白云岩，在三山子组大量分布（图 6.41 至图 6.43）。

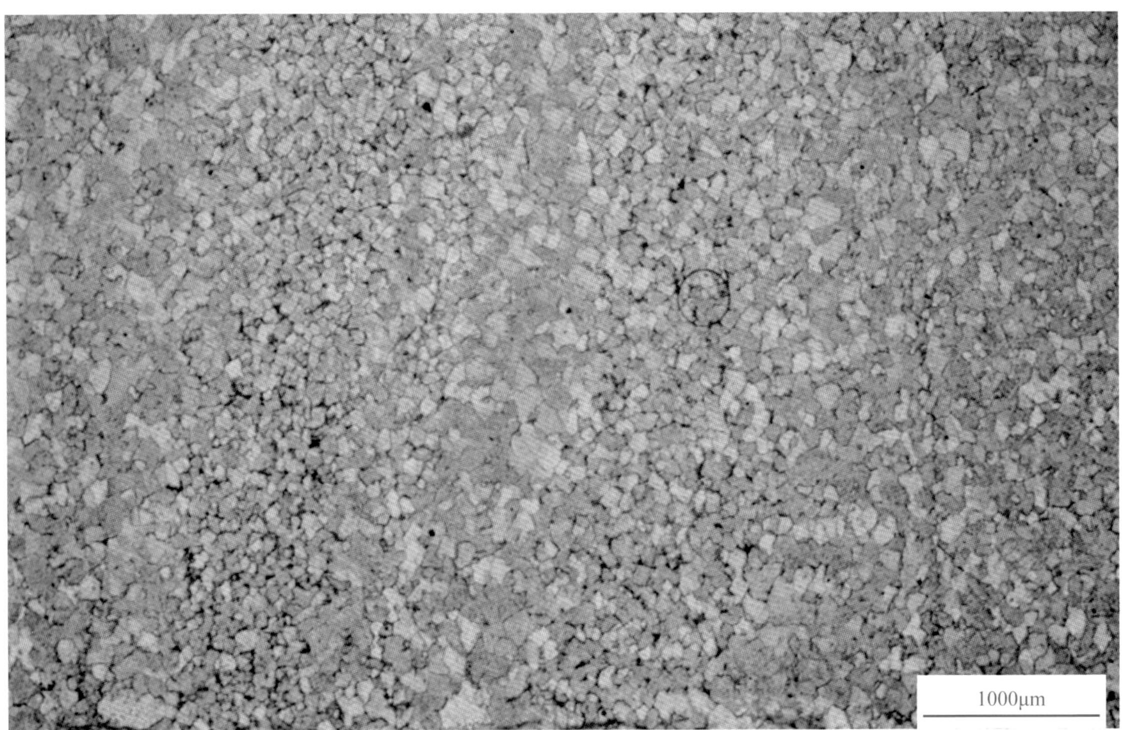

图 6.41　三山子组

细晶云岩，可见晶间孔和微裂缝，单偏光，蓝色铸体

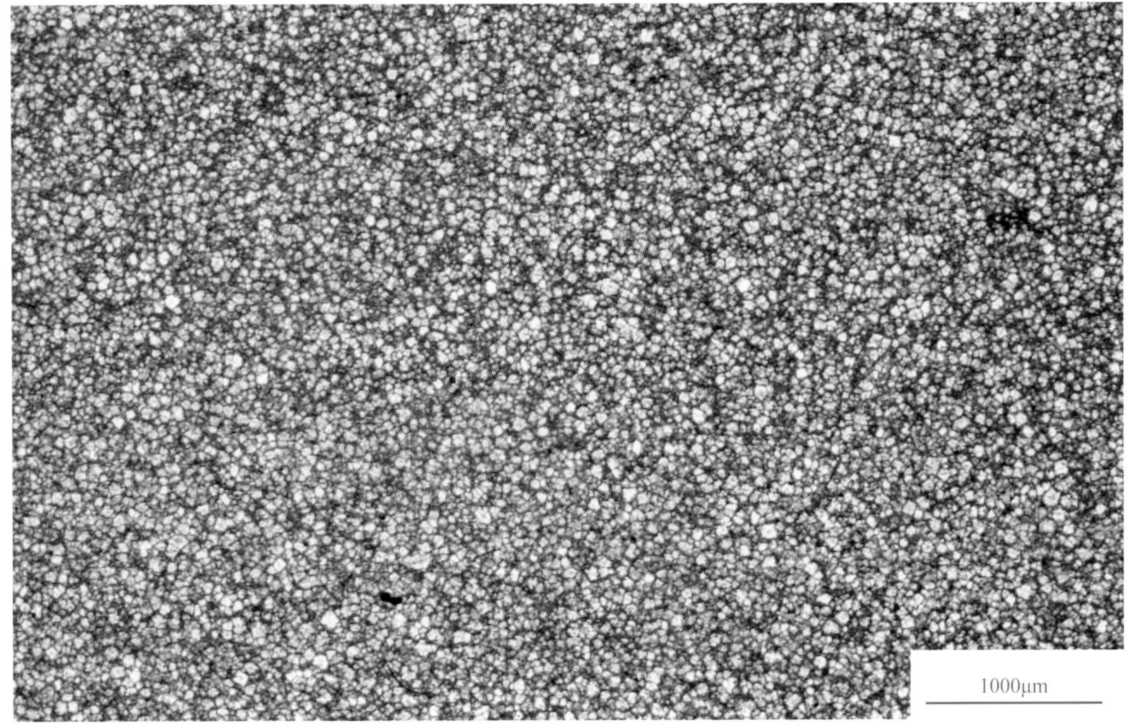

图 6.42　三山子组

粉晶云岩，右侧可见微裂缝单偏光，蓝色铸体

图 6.43 三山子组

粉晶云岩，可见顺层孤立孔隙

6.4.2 储集空间

该剖面储集空间类型可分为孔、洞、缝三种类型，其中溶洞在野外露头中最为发育，即表生岩溶区所形成的溶洞（图 6.44 至图 6.50）。

图 6.44　霍山组

灰白色石英砂岩，孤立溶孔及微裂缝，洞壁充填石英

图 6.45　三山子组

细晶云岩，溶孔（洞）发育

图 6.46　三山子组

细晶云岩，溶孔发育，可见微裂缝

图 6.47　三山子组

细晶云岩，顺层溶孔，方解石充填

图 6.48　三山子组

细晶云岩，溶孔及微裂缝发育，方解石充填

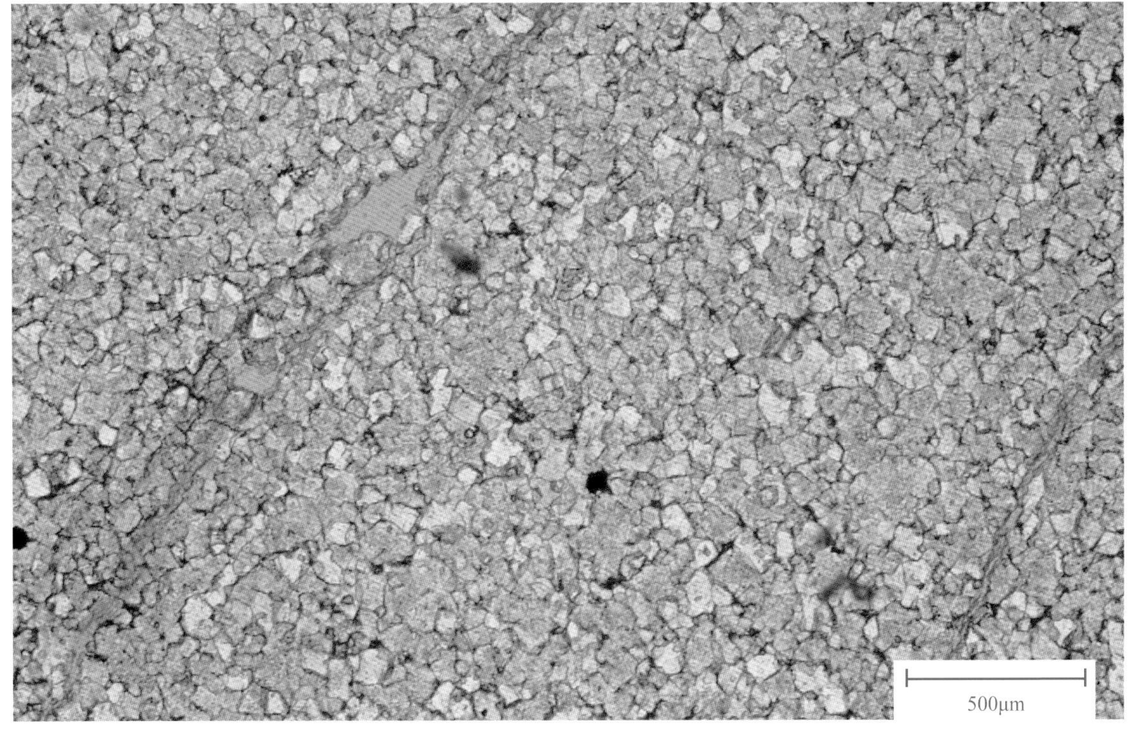

图 6.49　三山子组

微裂缝和晶间孔，单偏光，蓝色铸体

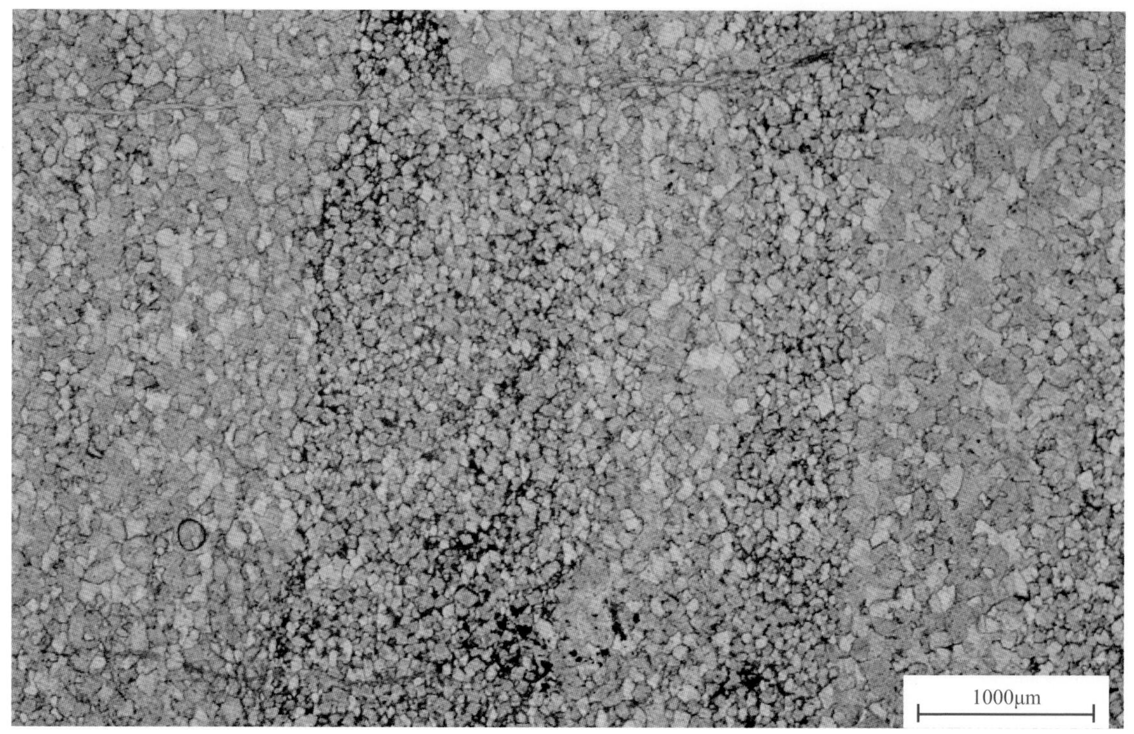

图 6.50　三山子组

微裂缝和晶间孔，单偏光，蓝色铸体

7 岢岚石家会寒武系剖面

7.1 剖面概述

剖面位于山西省忻州地区辖县岢岚县岚漪镇石家会村公路旁（图 7.1）。寒武系出露连续，植被覆盖少，出露地层依次为徐庄组、张夏组、崮山组、长山组、凤山组（图 7.2）。

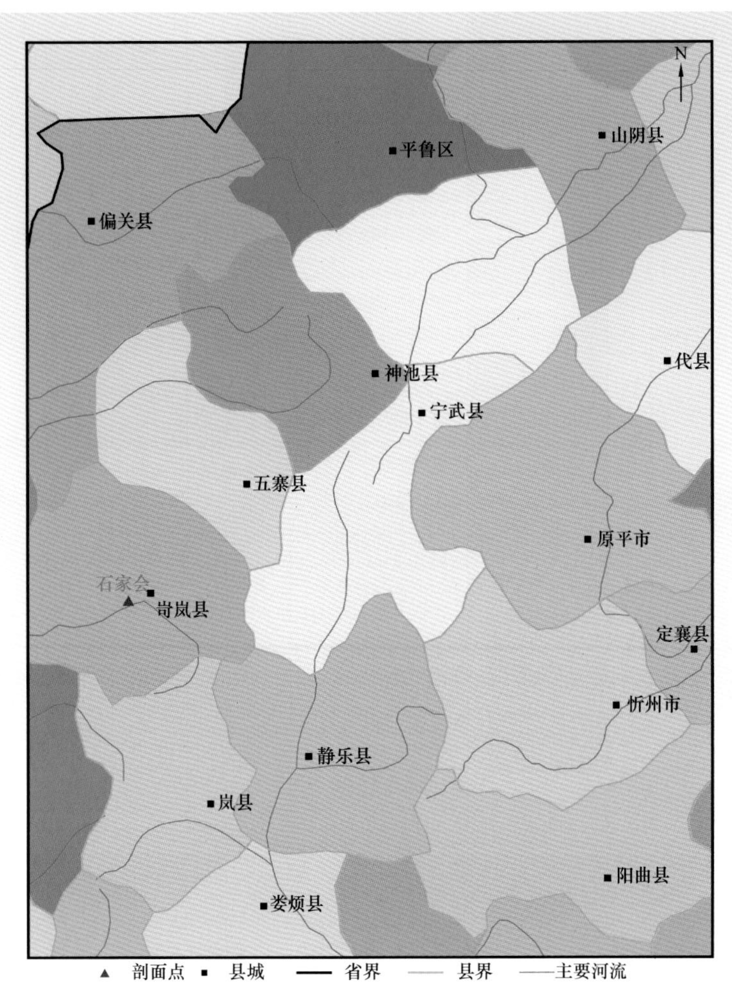

图 7.1　岢岚石家会剖面位置

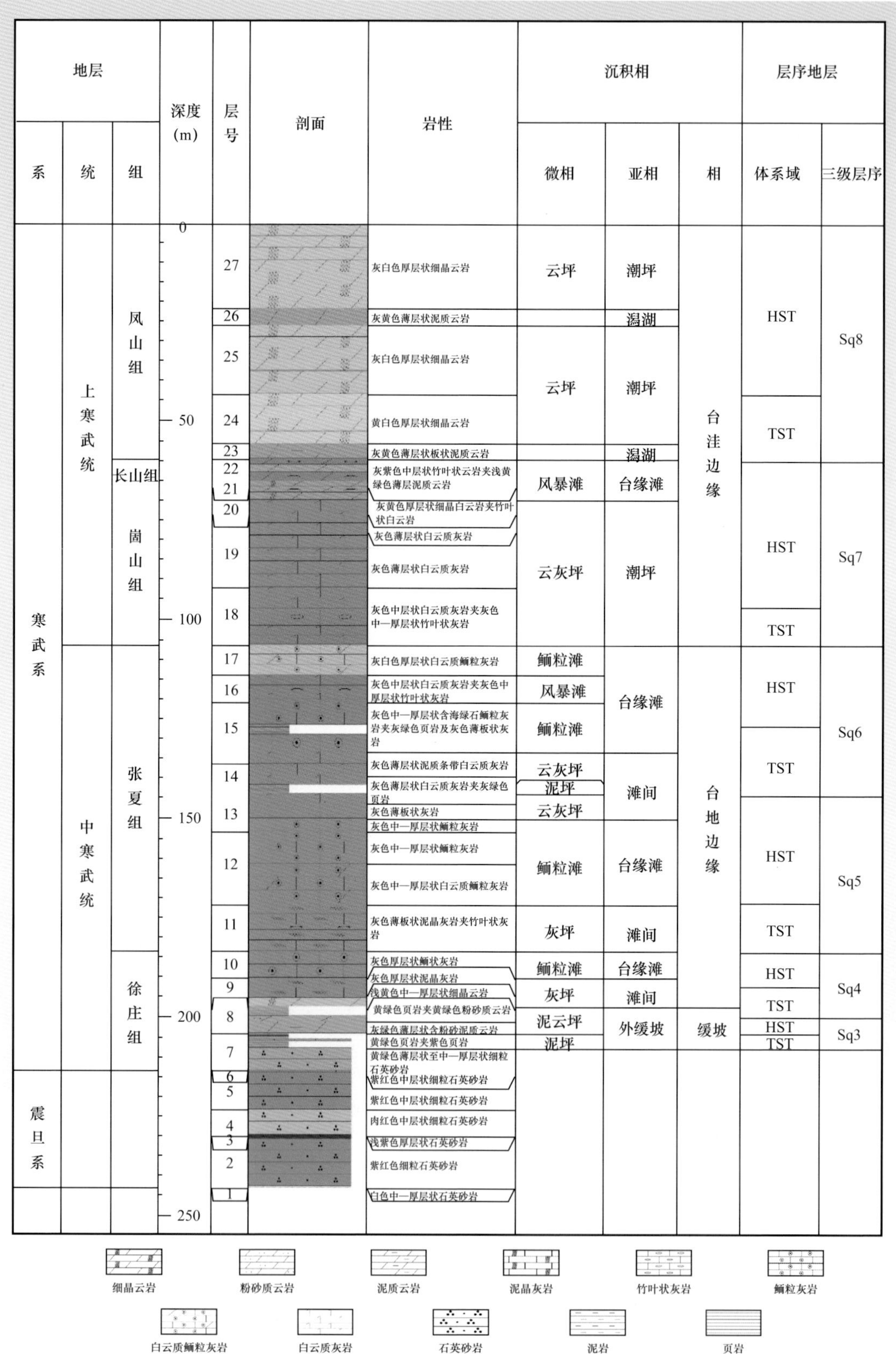

图 7.2 岢岚县石家会剖面综合柱状图

7.2 地层接触关系及地层岩性

7.2.1 地层接触关系

剖面起点地层为震旦系砂岩，未见顶，剖面内震旦系肉红色中厚层细粒石英砂岩与上覆地层中寒武统徐庄组鲕粒灰岩呈平行不整合接触，向上依次为中寒武统徐庄组灰色厚层状鲕粒灰岩与中寒武统张夏组灰色薄板状泥晶灰岩呈整合接触；中寒武统张夏组灰色厚层状白云质鲕粒灰岩与上寒武统崮山组灰色中层状白云质灰岩呈整合接触；上寒武统崮山组灰黄色厚层细晶白云岩与上寒武统长山组灰紫色中层状竹叶状白云岩呈整合接触；上寒武统长山组灰紫色中层状竹叶状白云岩与上寒武统凤山组灰黄色薄板状泥质白云岩呈整合接触；上寒武统凤山组与奥陶系呈整合接触（图 7.3 至图 7.5）。

图 7.3 寒武系宏观照

图 7.4　徐庄组底部页岩（黄线下部为长城系紫红色石英砂岩，上部为徐庄组底部灰绿色页岩夹褐灰色细砂岩）

图 7.5　徐庄组上部灰绿色页岩夹灰色中—薄层竹叶状灰岩与张夏组灰色中—厚层状鲕粒灰岩分界

7.2.2 各组岩性特征

7.2.2.1 徐庄组

徐庄组下部主要发育一套黄绿色页岩夹黄绿色粉砂状白云岩及紫红色粉砂岩，上覆浅黄色中—厚层状细晶云岩，上部发育灰色厚层状泥晶灰岩及灰色厚层状鲕粒灰岩。层内发育大量波痕，层面可见遗迹化石，偶见波状层理，徐庄底部薄层状石灰岩中见蠕虫结构，灰色中层状鲕粒灰岩中砾屑可见羽状结构、极薄层泥晶灰岩可见韵律结构；整体厚 30.2m（图 7.6 至图 7.8）。

图 7.6 徐庄组底部

薄层状细砂岩上层面的生物爬行迹

图 7.7　徐庄组下部

紫红色泥质粉砂岩，白云母富集，见生物扰动构造

图 7.8　徐庄组上部

灰色竹叶状灰岩上层面近照，砾屑主要为水平层理发育的泥晶灰岩

7.2.2.2 张夏组

下部主要发育灰色中—厚层状鲕粒灰岩夹灰色薄层状石灰岩、灰色中—厚层泥晶灰岩及灰色竹叶状灰岩，上部发育灰色厚层状云质灰岩夹灰色薄层状鲕粒灰岩，底部可见波状层理，偶见流水侵蚀作用产生冲沟，距离底部80m处见中层风暴岩夹层，整体向上白云质成分升高，顶部有红色铁质团块；整体厚77.3m（图7.9至图7.14）。

图7.9 张夏组

薄板状泥晶灰岩，层面波状起伏

图 7.10　张夏组

灰色竹叶状灰岩

图 7.11　张夏组

鲕粒云岩，发育微裂缝

图 7.12 张夏组

中—薄层鲕粒灰岩，发育波状层理

图 7.13 张夏组

灰色竹叶状灰岩，风暴岩

图 7.14 张夏组

灰色中层状竹叶状灰岩，风暴岩夹层

7.2.2.3 崮山组

崮山组下部主要发育一套灰色薄层状云质灰岩，上部为灰黄色厚层细晶云岩夹竹叶状白云岩，距底 12m 处可见生物化石；整体厚 41.2m。

7.2.2.4 长山组

岩性为灰紫色中层状竹叶状白云岩夹浅黄绿色薄层状泥质云岩。

7.2.2.5 凤山组

凤山组下部发育黄白色厚层状细晶云岩、灰黄色薄层状板状泥质云岩，上部为一套较厚的灰白色厚层状细晶云岩夹灰白色薄层状泥质云岩，层间含少量泥质，可见生物扰动构造（图 7.15 至图 7.17）。

图 7.15 凤山组

厚层状细晶云岩

图 7.16　凤山组

中层状细晶云岩

图 7.17　凤山组

厚层细晶云岩

7.3 沉积相类型及特征

7.3.1 沉积相类型划分

沉积环境是在物理上、化学上和生物上均有别于相邻地区的一块地表，是发生沉积作用的场所。沉积相为沉积环境及在该环境中形成的沉积岩（物）特征的综合，它包含沉积环境和沉积特征两方面的内容。

基于岩石类型和沉积相标志分析，根据寒武系野外露头剖面、岩相古地理特征和沉积相标志的研究，对该条剖面寒武纪地层的沉积相带进行划分，识别出了三个沉积相带，即碳酸盐岩缓坡相、台地边缘相、台洼边缘相；潮坪、潟湖、滩间、台缘滩、外缓坡五个亚相；白云坪、风暴滩、鲕粒滩、灰坪、云灰坪、泥坪、泥云坪七个微相。

7.3.2 沉积相特征

7.3.2.1 碳酸盐岩缓坡相

碳酸盐岩缓坡相主要发育于该剖面中寒武统徐庄组下部，属于缓坡相中的外缓坡亚相，其中泥云坪微相主要发育黄绿色页岩夹黄绿色粉砂质云岩，泥坪微相发育黄绿色页岩和紫色页岩沉积。

7.3.2.2 台地边缘相

台地边缘相主要发育于张夏组和徐庄组上部，徐庄组多发育滩间亚相和台缘滩亚相，滩间亚相灰坪微相主要发育灰色厚层状泥晶灰岩，台缘滩亚相鲕粒滩微相主要发育灰色厚层状鲕粒灰岩。

张夏组主要发育台缘滩亚相和滩间亚相，其中风暴滩微相发育灰色中层状云质灰岩，鲕粒滩微相发育灰色中—厚层状含海绿石鲕粒灰岩。云灰坪微相发育灰色薄层状泥质条带云质灰岩，其间夹有一层灰绿色页岩属泥坪微相。

7.3.2.3 台洼边缘相

台洼边缘相主要发育于崮山组和凤山组，崮山组顶部发育的灰黄色厚层状细晶白云岩夹竹叶状白云岩属台洼边缘相台缘滩亚相风暴滩微相。

长山组主要发育潟湖微相，岩性为灰紫色中层状竹叶状灰岩夹浅黄绿色薄层状泥质灰岩，泥质含量较高，表现为云泥薄互层或者互为夹层，代表一种海水循环不畅、水动力较弱的环境。

凤山组上部属潮坪亚相云坪微相，主要发育灰白色、黄白色细晶白云岩，其间发育薄层灰黄色薄层状泥质白云岩属于潟湖亚相。

7.4 储层特征

7.4.1 储集岩类型

研究认为该剖面储集岩类型以张夏组白云岩为主，而寒武系徐庄组鲕粒灰岩与白云岩储集性能较弱，通常为薄层状产出，且横向上不稳定（图 7.18 至图 7.21）。张夏组白云岩按照颗粒的不同可分为鲕粒白云岩、砂屑云岩等；按照白云岩晶形大小，白云岩可进一步细分为细晶云岩、粉晶—细晶云岩、粉晶—微晶云岩等；按泥质含量的高低，可分为白云岩、泥质云岩等，分布广泛。

7.4.2 储集空间

该剖面寒武系张夏组和徐庄组主要储集空间有三类，分别为孔、洞、缝。其中孔主要是指白云石晶间孔、晶间溶孔、粒内溶孔、粒间溶孔等，洞主要是指表生岩溶区所形成的溶洞，缝是指溶蚀缝和构造缝等。三类孔隙中以白云石晶间孔和晶间溶孔为主，其次为表生岩溶区所形成的溶孔及溶洞。

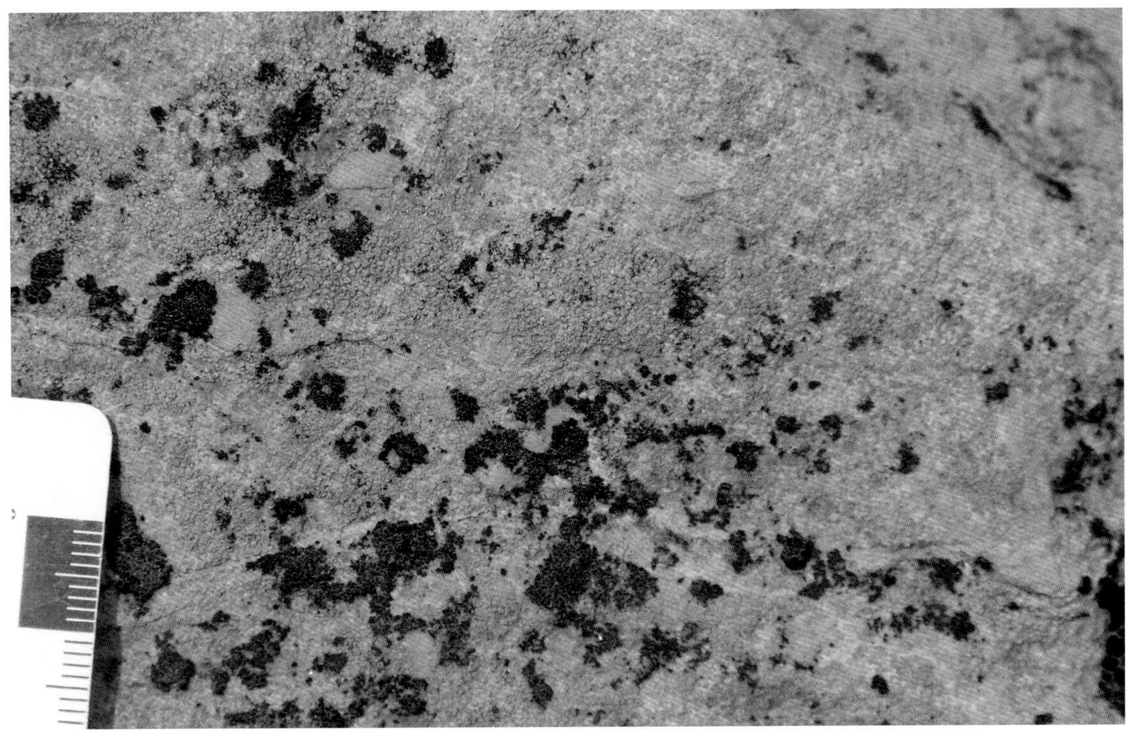

图 7.18　徐庄组

灰褐色含砾屑鲕粒灰岩

图 7.19　张夏组

灰色厚层状细晶云岩，微裂缝发育

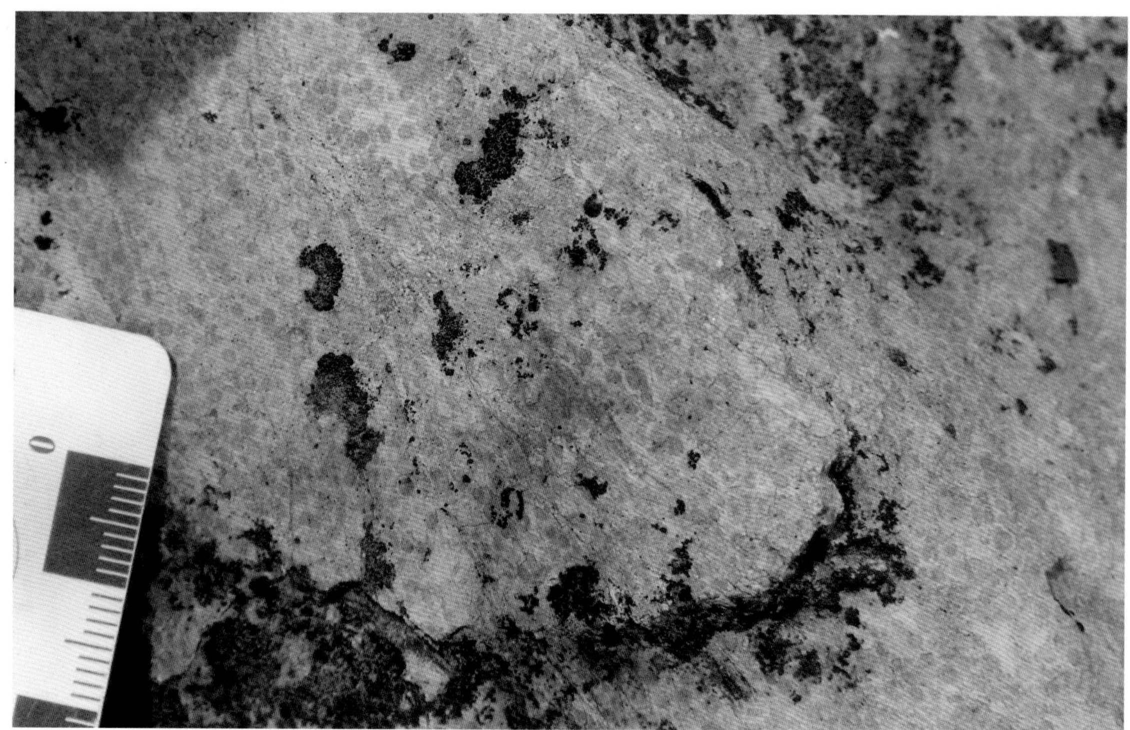

图 7.20　徐庄组

灰色含泥晶灰岩中层状鲕粒灰岩

图 7.21　张夏组

灰色薄层状含砾屑鲕粒灰岩

参考文献

陈安清，2010. 鄂尔多斯地块早古生代盆地演化与物质聚集规律［D］. 成都：成都理工大学.

陈启林，白云来，黄勇，等，2012. 鄂尔多斯盆地寒武纪层序岩相古地理［J］. 石油学报，33（z2）：82–94.

段杰，2009. 鄂尔多斯盆地南缘下古生界碳酸盐岩储层特征研究［D］. 成都：成都理工大学.

付金华，魏新善，任军峰，等，2006. 鄂尔多斯盆地天然气勘探形势与发展前景［J］. 石油学报，27（6）：1–4.

付金华，李士祥，刘显阳，2013. 鄂尔多斯盆地石油勘探地质理论与实践［J］. 天然气地球科学，（6）：1091–1101.

何自新，付金华，席胜利，等，2003. 苏里格大气田成藏地质特征［J］. 石油学报，24（2）：6–12.

黄何鑫，2019. 鄂尔多斯盆地长 6 致密砂岩储层特征差异及其对流体可动用能力的制约机理研究［D］. 西安：西北大学.

黄天坤，2019. 鄂尔多斯盆地靖边东南部地区长 2 油藏流体性质与流体场特征研究［D］. 西安：西北大学.

卢衍豪，1962. 中国的寒武系，全国地层会议学术报告汇编［M］. 北京：科学出版社.

李文厚，陈强，李智超，等，2012. 鄂尔多斯地区早古生代岩相古地理［J］. 古地理学报，14（1）：85–100.

李振鹏，2010. 鄂尔多斯地区寒武纪岩相古地理研究［D］. 青岛：山东科技大学.

刘溪，2019. 鄂尔多斯盆地东、南部中晚三叠世延长期原型盆地分析［D］. 西安：西北大学.

孙寅森，2019. 鄂尔多斯盆地东部山西组页岩孔隙表征及控制因素［D］. 北京：中国地质大学（北京）.

王晓晨，2018. 鄂尔多斯盆地西南缘寒武纪沉积体系及岩相古地理研究［D］. 西安：西北大学.

项礼文，朱兆玲，李善姬，等. 1999. 中国地层典：寒武系［M］. 北京：地质出版社.

徐永强，2019. 鄂尔多斯盆地陇东地区长 7 致密砂岩储层微观孔喉特征及分类评价研究［D］. 西安：西北大学.

杨华，席胜利，魏新善，等,2006. 鄂尔多斯多旋回叠合盆地演化与天然气富集［J］. 中国石油勘探，11（1）：17–24.

杨华，包洪平，2011. 鄂尔多斯盆地奥陶系中组合成藏特征及勘探启示［J］. 天然气工业，31（12）：11–20.

杨华，王宝清，孙六一，等,2013. 鄂尔多斯盆地古隆起周边地区奥陶系马家沟组储层影响因素［J］. 岩性油气藏，23（4）：616–625.

杨西燕，2018. 鄂尔多斯盆地奥陶系马五 _5 亚段白云岩成因及储层主控因素研究［D］. 成都：成都理工大学.

张文堂，朱兆玲，伍鸿基，等，1980. 鄂尔多斯地台西缘及南缘的寒武系地层［J］. 地层学杂质，4（2）：106–119.

张成弓，2013. 鄂尔多斯盆地早古生代中央古隆起形成演化与物质聚集分布规律［D］. 成都：成都理工大学.

张春林，张福东，朱秋影，等，2017. 鄂尔多斯克拉通盆地寒武纪古构造与岩相古地理再认识［J］. 石油与天然气地质，38（2）：281–291.

张玉玺，2012. 鄂尔多斯盆地西缘奥陶系碳酸盐岩储层研究［D］. 荆州：长江大学.

甘肃省地质矿产局，1982. 甘肃省区域地质志［M］. 北京：地质出版社.

山西省地质矿产局，1982. 山西省区域地质志［M］. 北京：地质出版社.

陕西省地质矿产局，1982. 陕西省区域地质志［M］. 北京：地质出版社.

祝有海，马丽芳，2008. 华北地区下寒武统的划分对比及其沉积演化［J］. 地质论评，54（6）：731–740.